WUXIAN KECHONGDIAN CHUANGAN WANG ZHONG DE
CHONGDIAN DIAODU JISHU

无线可充电传感网中的
充电调度技术

陈晶晶 ◎ 著

化学工业出版社

·北京·

内容简介

本书是一本系统探讨无线能量传输与传感器网络相结合优化的专业著作，全面研究了无线可充电传感器网络（WRSN）中的充电调度问题，旨在提升能效、延长网络寿命并优化资源分配。本书结合理论分析与实践应用，深入探讨了按需充电调度算法、移动充电器路径规划、多目标优化等关键技术，并提供了数学模型、算法设计及仿真实验，帮助读者掌握技术实现细节。针对能量受限、充电效率等挑战，书中提出了按需充电调度算法、协作充电机制等创新解决方案，为 WRSN 的优化管理提供了理论支撑与实践指导。

本书适合物联网、无线传感器网络及能量管理领域的研究人员、工程师及高校师生参考，既可作为学术研究的理论依据，也可为工业应用提供技术借鉴。

图书在版编目（CIP）数据

无线可充电传感网中的充电调度技术 ／ 陈晶晶著.

北京：化学工业出版社，2025．6．-- ISBN 978-7-122
-48075-0

Ⅰ．TP212；TN92

中国国家版本馆 CIP 数据核字第 2025G60S01 号

责任编辑：廉　静　邵桂林
文字编辑：马雪平
责任校对：赵懿桐
装帧设计：王晓宇

出版发行：化学工业出版社
　　　　　（北京市东城区青年湖南街13号　邮政编码100011）
印　　装：大厂回族自治县聚鑫印刷有限责任公司
710mm×1000mm　1/16　印张14½　字数217千字
2025年9月北京第1版第1次印刷

购书咨询：010-64518888
售后服务：010-64518899
网　　址：http://www.cip.com.cn
凡购买本书，如有缺损质量问题，本社销售中心负责调换。

定　　价：88.00元　　　　　　　　　　　　　　　版权所有　违者必究

无线传感器网络（Wireless Sensor Networks，WSN）是一种由部署在监控区域大量低成本微传感器节点组成的网络系统。无线传感器网络中的传感器节点通过无线信道相互通信、协同感知、收集和处理监控区域内传感对象的信息，然后将信息发送给观察者。无线传感器网络广泛应用于战场监视、仓库管理、医疗保健援助、自然灾害预警、环境监测和许多其他领域。

无线传感器网络主要采用节能技术、移动数据收集技术和能量收集技术等来解决能量问题。节能技术主要通过动态电压调整、动态能量管理和各种节能策略来尽可能降低节点能耗，从而延长网络的生命周期。移动数据收集技术通过减少节点传送数量的跳数，从而减少节点的能耗。而能量收集技术则从环境中（如太阳能、风能、振动能等）获取能量，然后转化成电能以供给传感器节点使用。但是无论如何使能量消耗最小化，始终只能在有限的范围内降低能耗，并不能真正解决网络的能量问题。

能源对无线传感器网络的发展至关重要。传感器节点通常由装载电池或超级电容器供电。但由于传感器节点尺寸较小，装载的电池容量有限。有时因为维护成本过高而无法通过更换电池来延长无线传感器网络的生命周期，这限制了无线传感器网络的发展和应用。近年来，随着无线功率传输（Wireless Power Transmission，WPT）技术的发展，能量瓶颈问题有了新的突破。无线功率传输技术可用于网络中为无线传感器网络提供能量补充。这种新型网络模型被称为无线可充电传感器网络（Wireless Rechargeable Sensor Networks，WRSN）。因此，无线可充电传感器网络成为未来许多物联网应用的开发平台。

无线可充电传感器网络（WRSN）不是无线传感器网络与无线功率传输技术的简单叠加。它带来了一些新的问题，即网络中的移动充电载具的充电调度问题，如当多个传感器节点同时有充电请求时，如何对携带有限电池容量的可移动充电载具进行充电调度，为节点补充能量，从而使得节点能得到及时充电服务。

本书从无线可充电传感器网络框架、网络应用领域、相关能量补充技术，以及近期研究的相关充电调度技术、新型网络模型下的混合充电调度技术等方面，系统地介绍了无线可充电传感器网络中充电调度技术的发展及研究现状。

全书共分为9章：第1章介绍了无线可充电传感器网络的基本概念和无线充电调度技术发展现状及存在的问题；第2章介绍了无线可充电传感器网络应用领域；第3章介绍了延长网络生命周期所采用的节能、移动数据收集、能量收集和无线充电技术；第4章提出了无线可充电传感器网络中充电调度方案设计准则及相关应用场合；第5章提出了新型的无线可充电传感器网络，采用无线充电无人机作为新的移动载具为节点提供充电服务，并提出相应的无线充电板部署方案和无人机的充电调度技术；第6章提出了一种混合充电系统，该系统采用无线充电小车与无线充电无人机协作式为节点提供充电服务，并研究相应的充电调度技术；第7章在第5、6章的基础上，提出了混合无线充电小车、无线充电无人机与无线充电板的混合充电系统，这三种充电载具相辅相成，共同协作完成网络的充电任务；第8章提出一种适用于无线可充电传感器网络的按需充电架构下的新型调度方法TSPG；第9章对本书的研究进行了总结，并提出了进一步展望。

本书由简单到复杂，由基础到前沿，系统地阐述了无线可充电传感器网络中充电调度技术的发展、特点、研究现状及前沿技术。

在此谨向帮助和参与本书相关研究工作的所有同仁表示感谢，尤其是我的博士生导师俞征武老师，对书中的研究内容提出了中肯的意见，使得相关问题研究可以得到比较满意的结果。在本书的著述过程中参阅了大量的研究文献，在此向书中所有文献资料的作者表示敬意，同时，向长期以来一直默默在背后支持我研究工作的亲友们表示衷心的感谢，也感谢龙岩学院博士生启动项目（LB2021013）和福建省自然科学基金（2024J01310）项目的资助，使我能顺利完成本书。

本书适合于电子信息类或计算机类的大学本科高年级学生和研究生学习参考，也可供从事无线可充电传感器网络研究的专业技术人员参考。

尽管做出了最大努力，由于撰写水平有限，书中难免存在疏漏和不妥之处，敬请广大读者批评指正。

著　者

2025 年 2 月于龙岩学院

Contents 目录

第 1 章

绪论

1.1
无线传感器网络

随着通信技术、嵌入式计算技术和传感器技术的发展，各种具有感知、计算和通信能力的微型传感器应运而生。无线传感器网络（Wireless Sensor Networks，WSN）是一种由部署在监控区域的大量低成本的微型传感器节点组成的网络系统[1]。每个传感器节点都具有存储、处理、传输数据的能力，可以完成对目标信息数据的监测、感知和采集，即以自组多跳的传输方式将信息通过无线传输传送给观察者，从而实现区域监测、目标跟踪、定位和预测等任务[2]。

无线传感器网络的体系结构如图 1.1 所示，通常包括无线传感器节点、网关（Sink）节点、外部网络（互联网或通信卫星）和任务管理节点（监控中心）等[3]。其中无线传感器节点随机地分布在被监测区域内，通过协作感知的形式实现区域内节点间的通信。节点只能与固定范围内的节点交换数据，但要将数据送到外部网络，必须采用多跳的传输方式。Sink 节点的能量值比无线传感器节点稍强，通信距离比无线传感器节点稍长，因此负责整个无线传感器网络和外部网络之间的信息交换，从而实现外部 Sink 节点与监测区域内节点的相互通信。例如，节点 A 感知到数据，通过节点 B、C、D 多跳传输给 Sink 节点，再由 Sink 节点传送给外部网络。

无线传感器网络具有自组织性、分布式处理、节能设计及多种通信手段等特点，具体如下。

① 自组织性：传感器节点能够自动组网，根据网络拓扑和环境变化自适应地进行网络组织和重组。

② 分布式处理：传感器节点可以在本地对数据进行处理和分析，只将结果传输给需要的节点，减少了数据传输的开销。

③ 节能设计：传感器节点通常可以进行低功耗设计，即能够在有限的能源下长时间运行，或者通过能量收集技术从外部环境中获取能源。

④ 多种通信手段：可以采用无线通信技术（如 Wi-Fi、蓝牙、ZigBee

等）进行数据传输，也可以通过移动通信网络进行数据传输。

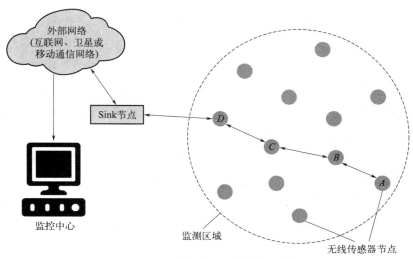

图 1.1　无线传感器网络的体系结构

　　无线传感器网络中的传感器节点体积微小，所携带电池的容量有限，有限的电池容量限制了传感器节点的工作寿命，从而影响了整个传感器网络的生命周期。除此之外，一个网络中的节点众多、分布区域广、所在区域环境复杂，甚至有些区域人类无法到达等都会影响传感器网络的生命周期。因此，在无线传感器网络需要长期运行和大规模部署时，通过更换电池来补充能量是一种昂贵和烦琐的方式。

1.2
无线充电技术

　　无线传感器网络主要采用节能技术、能量收集技术或无线充电技术等来解决能量问题。节能技术主要通过动态电压调整、动态能量管理和各种节能策略来尽可能降低节点能耗，从而延长网络的生命周期。但是无论如何使能量消耗最小化，始终只能在有限的范围内降低能耗，并不能真正解决网络的能量问题。能量收集技术主要通过从外界环境中（如风能或太阳能[4]）获取能量来延长网络的生命周期。然而，通过能量收集技术得到的能量容易受环境影响，并且能量转换率低，能量获得量和过程不可控。

近年来，无线充电技术的发展非常迅速，在人类的日常生活中已经得到了广泛应用。无线充电技术的原理是利用电磁场或电场的耦合，将电能转化为电磁波或电场，再通过自由空间传输，最后再将电磁波或电场转化为电能，从而实现电能的无线传输。常见的无线充电技术包含电磁感应式充电、电磁共振式充电及无线电波式充电[5]。

① 电磁感应式充电：利用电磁感应原理，通过两个相互靠近的线圈，实现电能的无线传输。这种技术的传输距离短，一般在几厘米内，需要将电器放置在充电垫或充电盒上，实现接触式或近距离无线充电。该充电技术的优点是传输效率高、兼容性好、成本低，缺点是传输距离短、位置限制多、易受金属干扰。它是目前最成熟、最普遍的无线充电技术，已经被广泛应用于智能手机、电动牙刷、手表等设备。

② 电磁共振式充电：利用电磁共振原理，通过两个相互共振的线圈，实现电能的无线传输。这种技术的传输距离适中，一般在几十厘米以内，可以实现非接触式或中等距离无线充电。该充电技术的优点是传输距离适中，位置限制少，不受金属干扰；缺点是传输效率低，共振频率难以控制，成本高。该充电技术目前正在研究和发展中，有望应用于电动汽车、笔记本电脑、电视等设备。

③ 无线电波式充电：利用无线电波原理，通过发射和接收天线，实现电能的无线传输。这种技术的传输距离较远，一般在几米到几百米之间，可以实现远距离无线充电。该充电技术的优点是传输距离远、位置限制少，缺点是传输效率低、易受其他电磁波干扰、存在安全和环境问题。这种技术目前还处于试验和探索阶段，有望应用于无人机、卫星、太阳能等设备。

目前，主要的无线充电标准有 Qi、PMA 及 A4WP 标准。

① Qi 标准：Qi 标准是由无线充电联盟（WPC）制定的一种基于电磁感应式无线充电技术的标准，是目前最流行和最广泛支持的无线充电标准。Qi 标准支持 5W、7.5W、10W、15W 等不同的充电功率，传输距离为 4mm，传输效率为 70% ~ 80%。Qi 标准的优点是兼容性好、支持多种设备的充电，

缺点是传输距离短、位置限制多、易受金属干扰。目前，苹果、三星、华为、小米等多个品牌的手机都支持 Qi 标准的无线充电技术。

② PMA 标准：PMA 标准是由电源管理联盟（PMA）制定的一种基于电磁感应式无线充电技术的标准，是目前与 Qi 标准存在竞争关系的一种无线充电标准。PMA 标准支持 5W、10W 等不同的充电功率，传输距离为5mm，传输效率为 60% ~ 70%。PMA 标准的优点是安全性高、支持在线监测和控制，缺点是传输距离短、位置限制多、易受金属干扰。目前，AT&T、星巴克、麦当劳等多个企业都支持 PMA 标准的无线充电技术。

③ A4WP 标准：A4WP 标准是由无线电力联盟（A4WP）制定的一种基于电磁共振式无线充电技术的标准，是目前最具潜力的一种无线充电标准。A4WP 标准支持 3.5W、6.5W、16W、50W 等不同的充电功率，传输距离为50mm，传输效率为 70% ~ 80%。A4WP 标准的优点是传输距离长、位置限制少、不受金属干扰，缺点是传输效率低、共振频率难以控制、成本高。目前，英特尔、高通、三星等多个企业都支持 A4WP 标准的无线充电技术。

上述不同无线充电技术的比较如表 1.1 所示。

表 1.1　不同无线充电技术的比较

无线充电技术	电磁场	距离	传输效率	标准	应用领域
电磁感应式充电	近场	近	80% ~ 90%	A4WP Qi	智能手机、电动牙刷、手表等
电磁共振式充电	近场	适中	60% ~ 70%	PMA Qi	电动汽车、笔记本电脑、电视等
无线电波式充电	远场	远	< 20%		无人机、卫星、太阳能等

1.3
无线可充电传感器网络

将无线传感器网络与无线充电技术相结合，就产生了无线可充电传感器网络（Wireless Rechargeable Sensor Networks，WRSN）[3]。无线可充电传感器网络的体系结构如图 1.2 所示。从图 1.2 中可以看出，无线可充电传感器网络由一组随机部署的传感器节点、可以在网络部署区域中移动以补充节点能量的无线充电设备（这里指无线充电小车），以及位于区域中心的基站等组成。传感器节点是网络中的基本单元，通常由传感器、处理器、存储器和通信模块组成。传感器负责采集环境数据，如温度、湿度、光照等；处理器负责数据处理和计算；存储器用于存储数据；通信模块用于与其他节点或基站进行通信。无线充电设备（通常包括发射器和接收器）采用无线充电技术为传感器节点提供能量。发射器负责产生电磁场或射频信号，接收器负责接收能量并转换为电能供给传感器节点。基站是无线可充电传感器网络的管理和控制中心，负责协调传感器节点之间的通信、数据传输、能量管理及无线充电设备的充电调度。无线可充电传感器网络的各个组成部分共同协作实现数据采集、传输和能量管理，从而构建一个智能化、高效能的监测和控制系统。

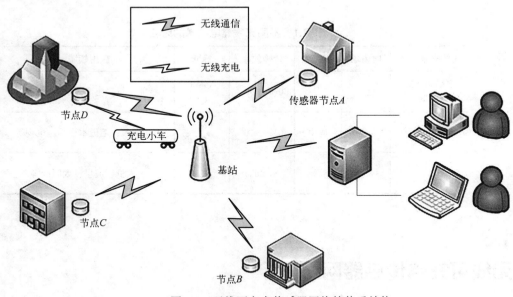

图 1.2 无线可充电传感器网络的体系结构

无线可充电传感器网络不仅具有传统电池供电的无线传感器网络的所有特点，并且相对于传统电池供电的无线传感器网络，还具有以下几个优势：

① 运行时间长：通过无线充电技术，传感器节点可以持续获得能量，延长了其运行时间，甚至可以实现永久性的运行，从而降低了维护成本和减少了人力资源的消耗。

② 部署灵活：由于传感器节点不需要依赖有线电源，因此可以更加灵活地部署在各种环境中，无须考虑电源接入的限制，适用于复杂的场景和动态变化的环境。

③ 服务质量更好：在无线传感器网络中，为了达到减少能量消耗的目的，传感器节点会采用节能策略（如轮流休眠）来节省能量，这不可避免地影响了网络的服务质量。而无线可充电传感器网络能量相对充裕，传感器节点可以一直保持工作状态，从而使得网络能够提供更好的服务质量。

④ 应用范围广：由于无线充电技术的非接触性，无线可充电传感器网络可以适用于医疗、工业等特殊场景下。它在体内植入传感器领域、防爆工业传感器领域中也扮演着不可取代的角色。

⑤ 维护成本低：由于无线可充电传感器节点是通过无线充电技术来获取能量的，可以大大降低无线传感器网络中更换电池所带来的维护成本。

1.4
无线可充电传感器网络中的充电调度技术

无线充电调度技术是指，在无线可充电传感器网络中，通过对无线充电设备的合理调度，有效地管理充电资源，合理分配充电任务，最大化利用可用的能量资源，并确保网络中各个节点能够得到及时充电服务，从而延长传感器节点的运行时间，提高网络的可靠性和性能。

针对无线可充电传感器网络的无线充电调度技术的研究，主要包括固定充电技术和移动充电技术两种。

固定充电技术是一种简单的充电调度技术，通常适用于节点相距较近且充电信号强度能满足要求的特定场景，如室内或某些特定结构的场景。如图1.3所示，固定充电技术将无线充电器固定在几个位置，每个充电器有各自的充电半径，可为处于充电半径内的节点补充能量。在网络采用固定充电技术的模式下，充电设备以固定的时间间隔或周期性地为传感器节点进行充电，但未考虑节点的实际能量需求和能量状态。因此，固定充电技术无法适应网络中节点能量状态的动态变化，无法灵活地调整充电策略以应对不同的情况。

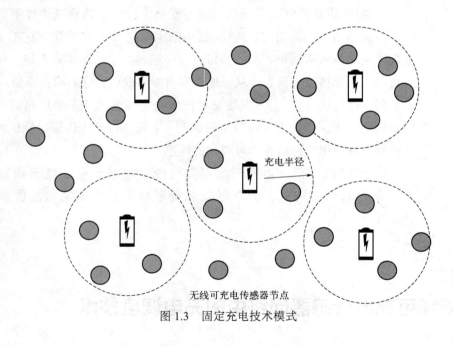

充电半径

无线可充电传感器节点

图1.3　固定充电技术模式

移动充电技术是一种将无线充电设备装载在移动载具（如充电小车、无人机等）上，对传感器节点进行无线充电的技术，通常更适用于户外监测。它主要采用电磁感应对节点进行无线充电，即充电器移动到需要充电的传感器附近进行充电服务。如图1.4所示，充电小车从基站出发，沿着 $A \rightarrow B \rightarrow C \rightarrow D \rightarrow E \rightarrow F \rightarrow G$ 依次给有充电需求的节点充电，完成充电任务后返回基站。

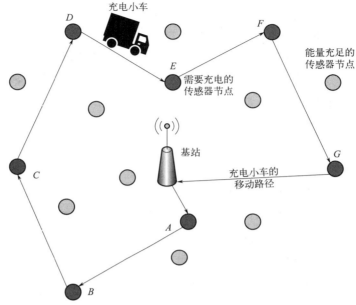

图 1.4　移动充电技术模式

1.5
无线可充电传感器网络中充电调度存在的问题及未来展望

　　在无线可充电传感器网络中，充电系统的充电使命是要保证传感器网络中所有的传感器节点在目标生命期内不会因为能量耗尽而停止工作。为了完成充电任务，需要设计相应的充电调度方案。

　　无线可充电传感器网络中充电调度方案存在的问题如下：

　　① 节点能量不均衡：不同的传感器节点之间的能量消耗可能不同，导致一些节点耗尽能量更快，从而影响网络的整体性能。

　　② 节点之间的充电冲突：多个传感器节点同时发送充电请求，或者在同一时间段内需要充电，可能会发生充电冲突，导致能量资源浪费或者充电

延迟。

③ 充电设备的限制：充电设备数量有限或者充电能源不稳定，可能会限制充电调度的有效性，影响网络的稳定性和可靠性。

④ 网络部署环境的限制：无线可充电传感器网络通常部署在地形复杂、人类难以接近的区域（如火山、原始森林等）中，这给充电调度方案的设计增加了一定的难度。

无线可充电传感器网络中充电调度方案的未来发展可应用于如下几个方面：

① 智能化充电调度算法：未来可以发展更智能的充电调度算法，利用机器学习、深度学习等技术，根据节点的能量消耗情况、环境信息和网络负载等因素，动态地调整充电计划，以最大化能源利用效率和网络性能。

② 自适应充电调度方案：可以开发自适应的充电策略，根据网络中节点的实时状态和环境变化，灵活调整充电计划，适应不同的工作负载和能量供应情况。

③ 新型充电调度技术的应用：不断探索和发展新型移动充电设备和充电调度技术，如无人机和无线充电板的协作式充电、无人机和无线充电小车的协作式充电等，可以为无线可充电传感器网络提供更加便捷和高效的充电服务。

总之，无线可充电传感器网络中的充电调度问题具有重要的研究意义和应用背景，目前还处在研究的起步阶段。随着硬件技术的成熟和相关理论的发展，无线充电调度技术最终将得到普遍应用，使得无线可充电传感器网络能够广泛地大规模部署，为连接现实世界和数字世界架起畅通的桥梁。

1.6
本章小结

本章介绍了无线可充电传感器网络的基本概念、几种常见的无线可充电技术和无线充电标准的特点、优势及充电调度技术，并阐明了无线可充电传感器网络中充电调度存在的问题及未来的展望。

第 **2** 章

无线可充电传感器网络
应用领域

无线可充电传感器网络的应用领域非常广泛，如环境监测、智慧农业、医疗健康、智能交通、工业自动化、智能家居等。

2.1
环境监测

随着全球气候变暖，工业发展对环境的破坏变得愈加严重，环境监测成为当今社会的一个重要议题。传统的环境监测需要人工采集样本并送回实验室进行检测，该方式费时耗力且成本较高。无线可充电传感器网络的发展为环境监测带来了新的解决方案，能够实现对环境的实时监测，并能够监测各种环境参数，如空气质量、温度、湿度、噪声等。通过在不同位置部署传感器节点，可以实现对不同区域的监测和比较，从而有效地帮助环境保护部门进行环境监测和管理。

基于无线可充电传感器网络的环境监测系统是一种用于监测环境参数，并通过数据传输技术，将数据传输到监控中心的系统。该系统将传感器部署在需要监测的区域内，每个传感器负责测量特定的环境参数，并将数据传输到微处理器。微处理器根据需要对数据进行处理，并将其转换为数字信号。然后，数字信号通过通信模块发送到监控中心。在监控中心，接收模块接收传感器发送的数据，并将其解码。解码后的数据被传递给一个计算机，该计算机使用数据处理软件将数据转换为可读的格式，并存储在数据库中。监控人员可以随时访问数据库，查看环境参数的实时和历史数据，并做出相应的控制决策。这种系统的优点是可以实时监测环境参数，并及时采取措施来保证环境安全。

例如，无线可充电传感器网络可应用于青藏铁路运输线。由于青藏铁路运输线的特殊地理位置，其沿线一般多为冻土层，且位于无人区，倘若对此环境进行监测，将会消耗大量的人力、物力以及财力，甚至会对地质环境监测人员的人身安全造成严重的威胁。因此，技术人员可以充分借助无线可充电传感器网络来对其地质环境进行实时监测，利用网络多跳的模式将监测的数据信息从其节点传输至基站，再由基站的汇合节点，借助 GPRS（通用分组无线业务）技术，将数据信息传输到监控中心，并由监控中心的技术人员对所传输的数据信息进行翔实的分析。

美国加州大学的计算机系实验室曾与大西洋学院利用无线可充电传感器网络对大鸭岛的海鸟栖息地的大气环境进行监测。技术人员一共在海岛上放置了 32 个传感器节点对环境数据进行采集，在指定的时间内利用传感器节点将数据传输至 Sink 节点。

通过无线可充电传感器网络进行环境监测，可以实现对环境的高密度、高精度的实时监测，为环境保护、资源管理和灾害预警提供重要的数据支持，有助于改善环境质量。

2.2
智慧农业

无线可充电传感器网络技术的发展促进了农业信息化水平的提高，以信息网络为中心的智慧农业这一新的农业生产模式已成为当前研究的热点[6]。大量遍布于农田、温室大棚等目标区域的传感器，实时采集诸如温度、湿度、光照、有害气体浓度、土壤水分及 pH 值等信息并汇总到监控中心，由专家决策系统及时、准确地发现问题，根据需要控制相关设备进行调温、调光、浇灌、换气，实现农作物生长环境的智能化控制，从而有效地提高农业生产效率和农产品质量。

无线可充电传感器网络中的传感器节点可以监测土壤的湿度、温度、pH 值、养分含量等参数。它们可以感知土壤环境参数的变化，并将采集的数据通过无线传感器网络传输到数据处理单元进行处理，从而实现精准灌溉、合理施肥，提高土壤肥力和农作物产量。传感器节点也可以监测气象参数，如温度、湿度、风速、降水量等，结合气象数据分析，提供农业气象预警服务，帮助农民及时采取应对措施，减少气候灾害损失。传感器节点还可以监测作物生长环境的各种参数，如光照强度、CO_2 浓度、土壤湿度等，帮助农民了解作物生长状况，及时调整管理措施。与此同时，传感器节点可以监测病虫害的发生情况，如土壤中的病原菌、空气中的害虫数量等，帮助农民进行病虫害的预防和防治，减少农药使用量，降低生产成本。在智慧农业中，还可以结合传感器节点的土壤湿度监测数据，实现智能灌溉系统，根据作物的实际需水量和土壤湿度情况，自动调节灌溉量和灌溉时间，节约水资源，提高灌溉效率。结合传感器节点的土壤养分监测数据，实现精准施肥系统，根据土壤养分含量和作物需求，精确控制施肥量和施肥时间，提高肥料利用率，减少环境污染。总之，通过无线可充电传感器网络，农民可以远程监控农田的环境参数和作物生长情况，实现远程管理和智能决策，提高农业生产效率和管理水平。

无线可充电传感器网络与农业生产相结合，为智慧农业由概念走向应用提供了技术平台。通过无线传感器网络采集农作物生产环境信息，及时准确地发现问题，减少了人工操作，指导了农业生产，提高了农产品的质量及生产效益，使以人力为主的传统农业生产模式逐渐向以信息技术为中心的现代农业生产模式转变。

2.3
医疗健康

无线可充电传感器网络具有快捷、实时无创地采集患者的各种生理参数等优点，在医疗健康领域中有很大的发展潜力，也是目前研究的一个热点，具体可应用于医疗监护和远程医疗服务等方面。

医疗监护是对人体生理和病理状态进行检测和监视，能够实时、连续、长时间地监测患者的重要生命特征参数，并将这些参数传送给医生，医生根据检测结果对患者进行相应的诊疗 [7]。无线可充电传感器网络中的传感器节点在传送各类患者的生理数据时，无线传感器采用相关的多通道数据传输方式进行全面的数据覆盖和输送 [8]。相较于传统的监护设备来说，无线传感器网络的监护设备和医疗传感器之间的连线距离可以大幅度延长，相关数据传送的周期也会大幅度缩短。一方面，由于时间周期缩短会促使数据频繁累积，从而提升测量精度；另一方面，由于可以进行无线传播，因此患者可以在病床上静待数据回传，从而避免了患者的来回奔波和医生的更多体力劳动。除此之外，患者可以不离开病床就进行身体的各类指标测试，不但方便了医生获取数据，而且患者在病床上获得就诊数据的方式也变得更加简捷和方便。

我国医疗资源总体不足，有限的医疗资源又分布不均衡。考虑采用远程医疗系统是解决我国医疗资源分配不均衡问题的有效途径。远程医疗系统采用无线可充电传感器网络作为通信及监测工具，对患者进行实时监护，使得人们可通过计算机技术和现代通信技术，实现个人与医院间医学信息的远程传输和监控、远程会诊、医疗急救、远程监护等，从而提高对患者诊断和监护的准确性和便利性。远程医疗系统可用于对人体健康信息、体征参数进行采集与传输，通过无线传感器网络与后台健康信息分析系统进行数据通信，提供不受距离、物理位置或者环境约束的医疗服务。

无线可充电传感器网络在医疗健康领域的应用，可以实现对患者的个性化监测和管理，提高医疗服务的效率和质量，同时也可以让患者更加方便地获取医疗服务并提高生活质量。

2.4
智能交通

智能交通系统是在传统的交通体系的基础上发展起来的新型交通系统，在现有的交通设施中增加一种无线传感器网络技术，能够解决困扰现代交通的安全、通畅、节能和环保等问题，同时还可以提高交通工作效率。因此，将无线可充电传感器网络技术应用于智能交通已经成为近几年来的研究热点。

智能交通系统主要包括交通信息的采集、交通信息的传输、交通控制和诱导等几个方面。无线传感器网络可以为智能交通系统的信息采集和传输提供一种有效手段，以用来监测路面与路口各个方向上的车流量、车速等信息。

美国的马萨诸塞大学建立的 UMass DieselNet 智能公交系统主要包括公交车节点以及安装在路边的 Throwboxes，可用于提高网络的连通性。美国加州大学伯克利分校的 ATMIS 项目和哈佛大学的 CitySense 项目都开展了无线传感器网络在道路交通监测方面的研究。瑞典有一段公路，利用太阳能供电传感器，可以对行驶车辆做出路面结冰、事故拥堵和其他危险情况的预警。

中国科学院沈阳自动化研究所开展了基于无线传感器网络的高速公路交通监控系统研究，并利用此项技术来弥补传统设备能见度低、路面结冰时无法对高速路段进行有效监控等缺陷，从而提出了新的图像监视系统。此外，对一些天气突变性强的地区，该技术也能极大地降低汽车追尾等交通事故的发生概率。

无线可充电传感器网络在智能交通中还可以用于交通信息发布、电子收费、车速测定、停车管理、综合信息服务平台、智能公交与轨道交通、交通诱导系统和综合信息平台等技术领域。

2.5
工业自动化

近二十年，工业生产技术得到了前所未有的发展，工业制造过程与相关的监控方式也在不断变革，无线可充电传感器网络技术与工业测控领域的融合，让整个工业的生产都迎来了一次巨大的变革。在自动装置运行过程中，能够通过不同的传感器系统，对工业生产环境、位置等进行监督、控制，便于技术人员实时掌握温度、湿度、压力、污染物等实际情况。无线可充电传感器网络不仅在每个节点上设置了传感器装置，还安装了电池、微控制器、收发器等设备。无线可充电传感器网络在实际运行中能够通过各组件相互配合、相互协调，快速完成生产任务，有利于合理分配生产资源，有效降低生产成本。因此，无线可充电传感器网络在工业领域呈现出了广阔的发展前景，能够对数据信息进行量化采集、快速处理、即时传输，有利于及时了解工业生产实际情况[9,10]。

2.6
智能家居

　　智能家居是指利用无线可充电传感器网络等技术，将各种家庭设备、设施和家居系统进行连接和智能化管理的家居环境[11]。例如，智能家居的冰箱能够对食物进行分类，建议菜单，推荐健康的替代品，以及在食物用完时订购日常生活食品。智能家居甚至可以帮助照顾宠物和给植物浇水。智能家居通常全面配备传感器和家庭网络，该网络可以协调多个智能设备和即时发电的可再生能源系统。智能家居也可以使用传感器来降低能耗，如当家中无人时关掉灯或切断电源。智能家居还可以通过检测房屋中的异常进行自动处理或报警，在辅助生活、健康、娱乐、交流和提高家庭安全性方面也能发挥重要作用。图 2.1 显示了智能家居的一些智能设备。通过智能家居系统，居住者可以实现对家庭设备的远程监控、控制和自动化操作，从而提高生活的舒适性、便利性、安全性和节能性。

　　传统的智能家居与采用无线可充电传感器网络的智能家居的对比如表 2.1 所示。从表 2.1 中可以看出，传统的智能家居具有有线组网方式成本高、安装复杂、协议接口不规范、兼容性不好等缺点。无线可充电传感器网络所具备的优点可以解决传统智能家居中存在的问题，使智能家居实现真正的"智能"。

　　在智能家居中，使用无线可充电传感器网络可以实时监测室内环境参数，如温度、湿度、空气质量等。通过部署传感器节点，可以在智能手机或平板电脑上查看实时数据，并根据监测结果自动调节空调、加湿器等设备，提高室内环境的舒适性；也可以通过部署摄像头、门窗传感器等设备，实时监测家庭的安全状态，并在发生异常情况时发送警报通知用户，用户可以通过智能手机或电脑远程查看家庭的实时监控画面，从而实现智能家庭安防监控。无线可充电传感器网络也可以与家电设备连接，实现智能家电控制。例如，通过与洗衣机、空调、热水器等家电设备连接，用户可以通过智能手机或语音助手远程控制这些设备的开关和工作模式，提高生活的便利性和舒适性；还可以通过在灯具上部署无线传感器节点，感知人员的活动和光线强度，根据实时情况自动调节灯光的亮度和色温，以满足用户的需求，从而实现智能照明。

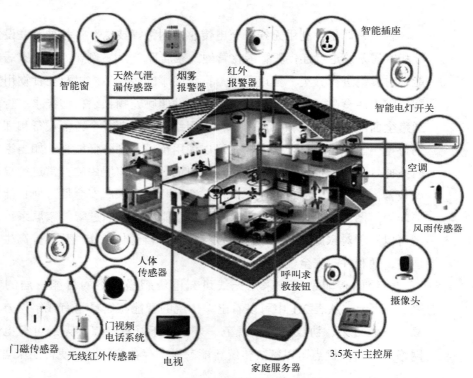

图 2.1　智能家居的设备连接示意图

表 2.1　传统智能家居与采用无线可充电传感器网络的智能家居的对比

比较项	传统智能家居	采用 WRSN 的智能家居
自组网	不支持	良好的自组织网络
动态性	不支持	动态的网络拓扑

比较项	传统智能家居	采用 WRSN 的智能家居
节点规模	一般较小	支持 65000 个节点
网络协议	简单的总线协议	IEEE 802.15.4
布线	一般需要布线	无须布线

随着智能家居产业的不断发展和无线可充电传感器网络技术的不断完善，无线可充电传感器网络技术将会越来越广泛地融合在智能家居系统的设计中。在今后的建设中，将会有越来越多的住宅选择应用基于无线可充电传感网络的智能家居。

总之，无线可充电传感器网络突破了无线传感器网络能量的瓶颈，其应用涉及了人类日常生活和社会活动的许多领域，随着技术的发展，将对人类的生活产生重大影响。

2.7
本章小结

本章从无线可充电传感器网络的应用特点入手，详细介绍和分析了该网络在环境监测、智慧农业、医疗健康、智能交通、工业自动化、智能家居等几个场合中的应用。

第 **3** 章

延长生命周期的相关技术

无线传感器网络已经广泛应用于各个领域，这些应用都要求无线传感器网络能够持续有效地运行。然而，因为传感器节点自身携带的电池容量有限，能量无法得到及时的补充，限制了节点的工作时间，从而影响了无线传感器网络的服务质量和生命周期。为了使无线传感器节点持续工作，近年来许多研究对于无线传感器网络中的能量问题提出了不同的解决方案，按照研究内容可分为节能、移动数据收集、能量收集和无线充电这几个方面。

3.1
节能技术

节能技术主要是通过设计路由协议 [12,13]、节点定位算法等，尽可能降低节点的能量消耗，从而延长网络的生命周期。

3.1.1　节能 MAC 协议

无线传感器的能量消耗主要用于通信。采用优化的通信协议可以节省大部分能量。其中，媒体访问控制（MAC）协议决定如何在物理上使用无线信道，直接影响了传感器网络的能量消耗，是无线传感器网络节能的关键技术之一。MAC 协议的设计结合物理层的载波监听和路由层的路由信息，自主决策唤醒节点，缩短传输延迟并且在保证可靠通信的基础上，有效控制冗余，均衡网络能耗 [14,15]，延长网络寿命。一些常见的无线传感器网络中使用的 MAC 协议如下：

① 定时型协议（Time-Slotted Protocols）：这种协议将时间划分为时隙，节点在预定的时隙内发送或接收数据。其中最著名的是 TDMA（Time Division Multiple Access）协议。TDMA 通过为每个节点分配独立的时隙来避免碰撞，提高了通信效率，同时也减少了能源消耗，因为节点只在特定的时刻进行通信，其余时间则处于休眠状态 [16]。

② 能量感知型协议（Energy-Aware Protocols）：这类协议考虑了节点的能源状态，通过动态调整通信参数来最大程度地延长节点的电池寿命。例

如，LEACH（Low-Energy Adaptive Clustering Hierarchy）协议采用了分簇的方式，即将网络中的节点分组，定期轮换簇首节点以平衡能量消耗。

③ 协作型协议（Collaborative Protocols）：这类协议利用节点之间的协作来提高通信效率和能源利用率。例如，协作传输技术允许节点合作进行数据传输，减少冗余数据和重复传输，从而降低了能源消耗。

在无线传感器网络中，通过综合考虑其网络规模、节点容量、服务品质等因素，设计合理的 MAC 协议能够达到减少节点能量的消耗和延长网络生命周期的目的。

3.1.2 节点定位算法

在无线传感器网络中，定位是非常重要的，即节点的位置信息是至关重要的。只有网络节点自身的位置确定，才能够获知传感器节点所监测到的事件发生的具体位置或采集到的数据所代表的具体意义。因此，要定位监测区域中的检测目标，要先确定无线网络节点所在的位置[17]。

无线传感器网络节点的定位算法很多，可分为基于测距的接收信号强度指示法、时间测量法、角度测量法和基于非测距的质心算法、APIT 算法[18,19]、凸规划算法和 DV-Hop 算法[18]等，具体如下：

① 接收信号强度指示（Received Signal Strength Indicator，RSSI）法：基于节点之间的信号强度来进行定位。该方法通过测量节点之间的信号强度来估计节点之间的距离，进而确定节点位置。该方法容易受到多径衰减（Multi-path Fading）和非视距阻挡（Non-Line-of-Sight，NLOS）的影响，具有时变特性，测量误差很大，精确度偏低。此外，由于 RSSI 定位法是通过信号的衰减来测量距离的，当节点间距离较大时，会受到 NLOS 的影响，从而增大节点间的通信量，通信开销较高，并且 RSSI 自适应能力弱，健壮性较低。欧几里得算法是基于 RSSI 定位技术的算法。

② 时间测量（Time of Arrival，TOA）法：通过测量信号的传播时间来确定节点位置。节点之间的时延可以用来计算节点之间的距离，从而确定节点位置。该方法不仅要求发射器和接收器严格按照时间同步，还需要使用能耗高的电子设备和精确的时间计算元件，在测量精度上要求较高。此外，

TOA 法只需要收发节点的同步信息，通信开销较低，并且 TOA 节点能耗高，不易受环境影响，自适应能力强，具有较高的健壮性。Cooperative ranging 算法和 Two-phase positioning 算法是基于 TOA 定位技术的算法。

③ 角度测量（Angle of Arrival，AOA）法：利用节点接收到的信号的入射角度来确定节点位置，通过天线阵列或多个接收器结合来实现。AOA 技术易受外界环境的影响，如噪声、NLOS 问题等都会对测量结果产生不同影响。同时，由于测量信号夹角时很难得到精确值，从而影响定位精度，故 AOA 定位需要特殊硬件测量接收信号的方向夹角。此外，AOA 法是依靠角度测量的方式来测量节点间距离的，接收器只需要接收信号即可，这样单程信号传播所造成的通信开销较低，但容易受外界影响，健壮性较低。DV-Bearing 算法和 DV-Radial 算法是基于该定位技术的算法。

④ 质心算法：在质心算法中，锚节点周期性地向邻近节点发送锚节点的位置等信息。当未知节点接收到锚节点的数量超过一个门限或接收一段时间后，就可以锁定自身位置，从而形成锚节点所组成的多边形质心。在质心算法中，参考节点会以固定周期向其通信范围内的所有邻近节点广播数据分组，分组中包含锚节点的标识信息。这种周期性（而非持续）的有限数据传送机制，使得该算法具有较低的通信开销。在质心算法中，锚节点的分布对定位精度影响较大，算法的自适应能力不高，健壮性较低，对硬件有一定的依赖性。

⑤ APIT 算法：利用未知节点接收所有锚节点信息，从这些节点中任选 3 个不共线的锚节点组成一个三角形，利用近似三角形内点测试来确定未知节点是否在三角形中。测试所有的三角形组合，就可确定多个包含未知节点的三角形区域。这些三角形区域的交集是一个多边形，计算这个多边形的重心，使用这个重心来估计未知节点的位置。APIT 算法在不规则传播信号模式和节点随机部署的条件下，精度可以达到厘米级。APIT 算法需要足够的 PIT 三角形才能够达到精度要求，因为不在同一条直线的 3 个点才能构成一个三角形，这就需要在通信范围内有足够的参考节点。通信范围内的节点密度有较高要求，且 APIT 算法在实现过程中以 3 个锚点为一组后穷尽所有锚节点，判断这 3 个点构成的三角形中是否包含未知节点，这样在不断测试锚节点的过程中，就使通信开销增大。当网络中节点密度下降时，定位区域内很难找到足够的三角形，即无法有效定位，且对硬件的依赖程度较低。

⑥ 凸规划算法：将整个网络模型看成一个凸集，节点间的通信连接看作节点位置的几何约束，从而将节点定位问题转化为凸约束优化问题，最后利用半定规划或线性规划等方法得到一个全局优化的解决方案，确定节点位置。该算法的精度较高。凸规划算法在其计算过程中主要实现了计算方式的转化，节点密度的高低并不影响到转化后的计算，所以这种算法并不要求高的节点密度，并且节点间的通信开销很低，具有一定的容错性，对硬件设施的依赖程度也不高。

⑦ DV-Hop 算法：首先计算未知节点与每个锚节点的最小跳数，其次计算未知节点与锚节点的实际跳段距离，最后利用三边或多边测量法计算自身位置。DV-Hop 算法不需要节点具备测距能力，对节点的硬件要求低，但需要在节点密度高的网络中，才能合理地估算平均跳距。DV-Hop 算法在获得平均跳距的计算过程中，使用泛洪的形式在整个网络中广播每个锚节点的信息，使得每个未知节点统计出距离每个锚节点的最短跳数和坐标信息，通信开销很高。当网络中节点密度下降时，该算法就无法有效定位，且对硬件的依赖程度不高。

根据以上分析，定位算法的特点对比归纳如表 3.1 所示。

表 3.1　节点定位算法的对比

定位算法	定位精度	节点密度	通信开销	健壮性	硬件依赖
接收信号强度指示法	较低	高	高	较低	较低
时间测量法	高	一般	较低	较高	高
角度测量法	一般	较低	较低	较低	高
质心算法	较低	高	低	较低	较低
APIT 算法	一般	高	一般	较低	较低
凸规划算法	高	一般	很低	一般	一般
DV-Hop 算法	一般	高	高	较低	一般

无线传感器网络在不同的应用场合可以采用不同的节点定位算法。为

了延长无线传感器网络的生命周期，所采用的定位算法的通信开销要尽可能低，但是定位的准确性直接关系到传感器节点采集数据的有效性。

3.2
移动数据收集技术

在传统的无线传感器网络中，传感器节点通过逐跳通信的方式将感知数据传送给静态部署的数据接收（Sink）或基站[20]，这容易使 Sink 周边的节点因过多地转发数据而快速耗尽能量，从而产生能量空洞，使得网络的生命周期大大缩短。许多研究考虑通过移动收集技术，即通过移动数据收集器（如移动车辆、移动机器人等）[21-25]来有效地收集网络中的感知数据，可以解决能量空洞问题，均衡网络负载[26,27]。此外，移动收集技术能减少节点传送数量的跳数，从而减少节点的能耗[28]，延长网络的生命周期。

根据移动数据收集器是否为传感器数据传输的终点，可以将移动数据收集器分为两类，即移动 Sink[29-32] 和移动延时[33,34]。前者是具有移动能力的 Sink 节点，而 Sink 本身用来接收网络中的感知数据并进行处理。当移动 Sink 收到数据时，可立即进行处理，故其更适用于事件探测类的应用。移动延时收集器仅负责收集感知数据，并在移动过程中暂存这些数据，最终将数据转发给静态部署的后台 Sink 或基站。移动延时收集器需要较大的存储空间，避免了移动 Sink 带来的动态路由问题。采用移动延时收集器的无线传感器网络称为延时容忍网络，而通常具有实时要求的网络采用移动 Sink 收集数据。

3.2.1　延时容忍的网络

在这类网络中，传感器感知到的数据可以不用立即发送给移动收集器，即暂时存放在本地或某些数据缓冲节点上等待移动收集器的到来。这类网络应用在感知数据非紧急的且需定期收集的应用中，如森林环境监测、水文数据监测等。

在延时容忍的网络中，移动收集器沿着一条路径以恒定速度移动并进行数据收集，传感器节点随机散布在路径的两侧。在特定的时间 T 内，每个节点都会产生一定的数据，且这些数据必须最迟在 T 时间内传送给移动收集器，T 就是应用的时延限制时间。移动收集器可以通过直接访问传感器节点和汇聚节点的形式收集数据。

通过直接访问传感器节点来收集数据，可以最大程度上减少网络能量的消耗，因为移动收集器可以通过一条最短路径遍历网络中的所有节点，所有的节点通过一跳通信就完成数据传输[35,36]。直接访问节点的方式不考虑延时问题，但由于不同位置的传感器节点可能存在差异，移动收集器可以根据传感器的性能或状态调整数据收集的先后次序或频率[32,37]。

移动收集器直接收集所有传感器节点数据虽然能最大化节约网络的能量，但带来了较长的时延。一种减少时延有效的办法就是选择一部分节点或位置作为汇聚点，传感器节点先将数据传输给汇聚点或离汇聚点较近的传感器，移动收集器只需访问这些汇聚点就可以完成数据收集任务[25,38,39]。

3.2.2　实时要求的网络

在一些实时性要求较高的应用（如事件探测、灾难报警等）中，采用移动 Sink 来收集数据。在这种有实时要求的网络中，传感器节点的数据采用多跳形式传输给移动 Sink，节点的负载与能耗的平衡主要是通过 Sink 的移动来实现的。在采用移动收集数据的研究中，主要是要解决优化网络性能、Sink 应移到何处和实时路由问题，即在 Sink 移动过程中，数据如何传输。移动 Sink 移动位置的选择与事件发生的区域存在密切关系[40]。

如果仅考虑单个事件点，Sink 应移动到事件发生的区域，这样能节约传输能量，同时也可以减少数据传输的时间。

解决实时路由问题，可以采用一种简单的方式，即 Sink 在移动过程中发送信标，通知传感器其当前位置，所有传感器逐级更新到 Sink 的最佳路由。这种方式更新代价大，每个节点都需要即时确定新的路由，并且更新频繁，比较耗费时间。还有一种方式是，为了保证数据传输的稳定性，尽量保持原来的路由，在 Sink 不停移动的情况下，只更新部分路由来达到传输目的。在这种方式下，大部分传感器的路由可能不是最短路由。

在无线传感器网络中，通过移动数据收集技术对网络中感知数据的收集，可以有效地减少传感器将数据发送到静态部署的基站之间的传输跳数，节约网络的能量，从而延长网络的生命周期。

3.3
能量收集技术

传感器网络作为物联网的底层核心和感知前端，在实际应用中要求能够长时间连续工作，但是基于电池的有限能源供给，严重限制了其灵活设计和长期部署，成为许多领域中影响其应用的重大挑战。

能量收集技术是指通过各种方法从环境中（如太阳能、风能、振动能等）获取能量，然后转化成电能以供给传感器节点使用，延长其工作寿命或实现永久工作[41-44]。根据能量收集的方式和来源，可以将能量收集技术分为以下几种类型。

3.3.1 太阳能能量收集技术

太阳能能量收集技术是最常见的能量收集方法之一。由于传感器节点通常部署在室外环境中，天然的太阳能资源为传感器节点的能量供应提供了便利。太阳能收集器通过安装好的太阳能电池板将太阳能转化为电能，提供给传感器节点使用[45,46]。这种方法在户外环境中特别有效，但在天气阴郁或夜间能量收集效率较低。

3.3.2 振动能能量收集技术

振动能能量收集技术是指将传感器周围的机械振动产生的能量转化为电能给节点供应能量。例如，通过使用压电材料或振动发电机，可以将机械能转化为电能，从而使得传感器节点可以从运动中获取能量。振动能能量收集器通常包括振动感应器、振动放大器、整流电路和电池等组件。这种方法特别适用于需要节点在运动中或者受到机械振动而获取能量的应用场景。

3.3.3　热能能量收集技术

热能能量收集技术是指将环境中的温差或热能源转化为电能的技术。通过热电转换材料，温度差会产生电子流，将热能转化为电能，并提供给传感器节点使用。热能能量收集技术适用于环境温度变化较大的场景，如工业生产现场和火电站等。由于热能在自然环境中普遍存在，相较于太阳能能量收集和振动能能量收集，热能能量收集技术具有更广泛的应用前景。

这三种能量收集技术所产生能量、使用的设备和成本及优缺点如表 3.2 所示。

表 3.2　能量收集技术比较

能量收集技术	产生能量	实验设备和成本	优缺点
太阳能能量收集技术	数百毫瓦每平方厘米	太阳能电池板一般	白天阳光充足，功率充沛；夜晚、雨雪天基本无采集
振动能能量收集技术	数百微瓦每平方厘米	V21BL 压电片一般	不易受外部因素干扰，小型化；功率不够充足
热能能量收集技术	数十微瓦每平方厘米	温差发电器成本高	能够连续地提供 DC（直流）功率；在密闭环境中温度差难以实现

太阳能、振动能和热能能量收集技术可以单独使用，也可以结合使用，以提高能量收集效率和稳定性。在设计无线传感器网络时，选择适合特定应用场景的能量收集技术非常重要，以确保传感器节点能够长期可靠地工作。

在无线传感器网络中，应用能量收集技术可以延长传感器节点的使用寿命，降低节点电池更换的频率和维护成本，并且，能量收集技术解决了无线传感器网络中节点电池难以更换的问题，使无线传感器网络的应用规模可以大大扩展。

然而，能量收集技术由于受外界环境影响较大，能量转换率较低，目前设备成本也高，因此，在无线传感器网络中的应用也面临着重大挑战。

3.4
无线充电技术

无线充电技术指网络中配备主动性的充电电源为传感器节点进行无线充电，从而延长网络的生命周期。该方法需要在网络中部署静态或动态充电器，由它们主动为传感器节点提供充电服务，充电过程高效、及时、可控、可预测。在无线传感器网络中，采用无线充电技术为传感器节点充电，这类网络就称为无线可充电传感器网络。针对无线可充电传感器网络的无线充电研究，可分为固定充电方式和移动充电方式两种[47]。

3.4.1 固定充电方式

固定充电方式使用一些位置固定的无线充电器覆盖区域中所有节点的位置。其中一个需要解决的重要问题是：如何在保证所有节点都正常工作的前提下，使充电器个数最少、功耗最低[48]。如果无线充电器的充电半径固定，按照传统等边三角形顶点的部署方式（如图3.1所示，三角形的三个顶点上部署充电器），可以用最少的充电器完全覆盖所有区域。这种等边三角形顶点的部署方式适用于需要进行充电的节点出现在区域中的所有位置。

但是，由于区域中的节点数量是有限的，因此几乎不可能覆盖所有位置。如果不谋求覆盖所有区域，而是覆盖所有节点的位置，也可以给所有节点正常充电。这是节点充电的充要条件，也是优化充电器部署的依据和原则。基于该优化原则，可以考虑根据节点的密度分布情况来部署充电器，以确保节点密度较大的区域部署更多的充电器，从而满足节点的充电需求；还可以考虑根据节点的能耗来部署充电器，以便能在能量消耗较快的区域部署更多的充电器，从而确保充电器覆盖范围内的节点能够及时获得充电服务。

在无线可充电传感器网络中，充电器的固定部署至关重要。它可以确保传感器节点在需要时能够方便地获取充电服务，以保证网络的稳定运行。然而，固定充电器的方案具有在大规模网络中部署和维护成本较高且充电范围有限的缺点。

图 3.1　传统等边三角形固定充电器部署方式

3.4.2　移动充电方式

在无线可充电传感器网络中，移动充电方式主要是将无线充电器和无线充电装备装载在移动载具（如移动机器人或无线充电小车等）上对传感器进行无线充电服务 [49]。这种移动充电方式主要采用基于磁耦合谐振的无线充电技术。由于线圈尺寸小，频率受限，要达到较高的充电效率，移动充电载具需移动到传感器节点附近，从而将电能传递给传感器。

一个典型的采用移动充电方式的无线可充电传感器网络如图 3.2 所示。该网络由若干个传感器节点、一个基站、几辆无线充电小车组成。其中，传感器节点和基站组成传感器网络，传感器节点负责数据的采集、转发回基站，基站负责数据的收集和处理，并同时作为无线充电小车的服务站。无线充电小车负责为传感器节点提供无线充电服务。

在无线可充电传感器网络中，采用移动充电方式为传感器节点补充能量具有重要的研究意义和应用背景。这种能量补充方式可以根据具体的应用需求和环境条件来灵活地为传感器节点提供充电服务，从而确保网络的持续运行。

图 3.2　采用移动充电方式的无线可充电传感器网络示意图

3.5
本章小结

　　本章详细介绍了近年来关于无线传感器网络中能量问题的几种不同的解决技术，分别为节能、移动数据收集、能量收集及无线充电技术。节能技术通过优化传感器节点的硬件设计与软件算法，降低节点在数据采集、处理及传输过程中的能量消耗。移动数据收集技术利用移动 Sink 在网络中移动收集各个传感器节点的数据，从而避免了感知数据多跳传输带来的能量损耗。能量收集技术致力于从周围环境中获取能量，理论上可以使网络无期限运行，但实际上容易受到外部环境的干扰。而无线充电技术在无线可充电传感器网络中发挥着重要作用，它采用主动式能量管理策略（如移动充电车）为传感器节点进行无线充电，从而延长网络的生命周期。

移动充电器的相关调度技术

在无线可充电传感器网络中，采用移动充电方式主要是将无线充电器和无线充电装备装载在移动载具（如移动机器人或移动小车等）上对传感器进行无线充电。而研究的最核心的问题之一就是在采用移动充电方式的基础上进行充电系统和相关充电调度技术的设计，即采用怎样的充电设备及如何为传感器节点充电，从而达到充电代价最小、网络性能最好等目标。

本章根据充电调度软、硬件层面的 4 个不同维度将现有的研究工作进行分类。针对每种类型的充电调度，对比分析各自的优缺点和适用的场景，进而提出在不同的场景中设计无线可充电传感器网络的充电调度的一般性设计思路，并举 3 个典型的无线可充电传感器网络场景案例，在该场景中进行合理的充电调度设计。

4.1
无线可充电传感器网络中充电调度方案分类

根据无线可充电传感器网络中设计充电调度的 4 个不同维度对现有工作进行分类，分类标准及各类方案的特点如表 4.1 所示，涉及充电调度的硬件配置和软件配置两大部分。其中，硬件配置部分考虑的维度包括移动充电器的数量、充电范围、充电能力，软件配置部分考虑的维度包括充电方案的周期性。每个维度中不同类型的方案都基于一定的理论和实验支撑，但却适用于不同的应用场景。根据表 4.1 中 4 种不同的维度，对相关研究进行了分类概述和对比分析[50]。

表 4.1　无线可充电传感器网络中充电调度的分类

硬件配置	依据移动充电器数量	基于单个移动充电器的方案		基于多个移动充电器的方案
	依据充电范围	单对单充电的方案		单对多充电的方案
	依据移动充电器的充电能力	移动充电器充电能力无限的方案	移动充电器充电能力有限但足够的方案	移动充电器充电能力有限但不足的方案
软件配置	依据充电周期	周期性充电的方案		按需充电的方案

4.1.1 依据移动充电器的数量

目前多数关于移动充电方式的研究是基于单个移动充电器的方案 [图 4.1 (a)]，这些研究的主要目标是通过设计充电调度来达到网络效用最大化或充电成本最小化的目的。网络效用最大化就是指无线可充电传感器网络的传感器节点都能得到及时充电，不会因能量耗尽而失去功能，从而使得网络的数据采集、目标监测和目标追踪等功能继续维持。充电成本是指移动充电器的充电的总成本，包括移动过程和为传感器充电过程中消耗的总能量。

文献 [51] 考虑在能量重新分配的过程中，一些节点可能会具有较高的能量储备，而其他节点可能会处于能量匮乏的状态。通过单个移动充电器访问网络中的节点，将能量从充足的节点转移到能量匮乏的节点，可以平衡整个网络中节点的能量消耗。文献 [51] 还定义了这种过程的能量重新分配问题，并将该问题分为最小化能量传输损耗和移动损耗。减少能量传输损耗主要是通过确定合理的充电位置来实现的，而减少移动损耗主要是通过移动充电器的充电调度来实现的。该文献提出了基于贪心思想的充电调度（CSBGI）算法来解决这两个子问题，并且通过实验验证了该算法的优越性。文献 [52] 主要研究基于工业物联网中的无线可充电传感器中单个移动充电车的充电调度问题，研究的主要目标是通过将强化学习与基于边际产生的近似算法相结合，能够智能地选择激活的传感器节点和移动充电车辆的调度，最大限度地提高整个系统的能源效率和性能。文献 [53] 在分析无线可充电传感器网络配置单个移动充电器的基础上提出了一种基于充电效率的在线能量补充方案，该方案计算移动充电器为不同节点充电的充电效率，为避免节点因充电不及时而失效，选择充电效率最高的节点进行充电服务。实验结果表明，该文献中所提方案能够保证更多的节点生存，从而保证网络的效用。文献 [54] 针对无线可充电传感器网络中移动充电器行驶和充电能量均充足、仅行驶能量不足、仅充电能量不足以及行驶和充电能量均不足 4 种情况，以最大化网络中移动充电器的能量利用率和最小化节点惩罚值为目标，提出了带时间窗的多目标路径规划模型，优化移动充电器对节点的充电时间并提高移动充电器的能量利用率。为求解多目标优化问题，在多目标连续烟花算法的基础上，提出了一种多目标离散烟花算法，通过烟花爆炸操作加快收敛速度并防止陷入局部最优。

文献 [55] 提出了一种自适应的按需充电调度方案，该方案中移动充电器根据具有充电请求节点的数量同时使用全充电模式和自适应充电模式给网络中的节点充电。文献 [56] 关注了如何同时最大化感测区域内的目标覆盖率和能量效率的问题，将问题转化成一个多目标优化的问题，并提出了旨在最大化目标覆盖率的充电调度方案。文献 [57] 开发了一种检查算法，定期访问和检查网络中的传感器节点，从而确定需要充电的节点。然后，设计了一种贪心算法来确定无线充电小车移动的最短距离。最后，通过节点能量算法来确定充电小车的停靠点和返回基站的时间。文献 [58] 提出了双边充电方案来计算移动机器人的充电路径，该方案可以最小化移动充电机器人的遍历路径长度、能量消耗和完成时间。基于这种双边充电模式，指定路径两边的相邻传感器可以被移动机器人同时进行无线充电服务，并将感知数据发送给移动机器人。文献 [58] 还根据节点的剩余功率和节点之间的距离建立了功率沃罗伊图，并在其基础上规划移动机器人的充电调度。文献 [59] 采用了双功能充电车，即可以同时进行数据收集和无线充电的小车，完成了数据收集和能量补充任务。文献 [59] 还提出了一种高效的充电车移动路径构建算法。首先，基于最小生成树的分区算法将网络划分为多个区域；其次，在每个区域选择锚点来收集区域中其他节点的数据；最后，计算一个有效的充电调度路径。文献 [60] 采用了无人机给传感器节点进行无线充电。该文献提出在飞行约束条件下联合优化无人机的飞行轨迹和公平性原则优化传感器节点的充电顺序。

当网络的规模较大时，单个移动充电器无法满足节点的充电需求，尤其在远处传感器节点等待的时间过长的情况下。因此，考虑采用基于多个移动充电器的移动充电方案来降低传感器节点等待充电的时间，如图 4.1（b）所示。该方案在网络的部署区域内部署多个移动充电器，它们相互配合或独立负责部分区域，为网络中的传感器节点提供充电服务。其主要目标是部署移动充电器的数量最少或移动充电器的充电效率最大。文献 [61] 考虑到了网络中的传感器节点的能耗不均问题，采用多个移动充电器为节点进行充电服务，并提出将 PSO（Particle Swarm Optimization）模型与神经模糊算法结合用于优化多个移动充电器的充电调度。文献 [62] 考虑到了移动充电器有限的移动速度会带来较长的充电延迟，定义了网络中最小化等待充电延迟问题，并为解决此问题设计了一种高效的近似算法，即为每一个移动充电器找到一个充电路线，使待充电传感器总的等待延迟最短。实验结果表明，文献 [62] 中所设计的算法确实优于现有的算法，可以使等待延迟减少 87.4%。文献 [63] 提出了通过 MTORN 算法来解决多个移动充电器对网络中的传感器节点的协同充电问题。首先，MTORN 通过相交圆算法对网络中的传感器节点进行分簇，再利用最短距离原则为各个充电簇设置最优的充电驻点；其次，根据网络的能耗以及移动充电器自身移动能耗合理估计网络中需要的充电器数量，部署最优数量的移动充电器；最后，移动充电器在接收到充电请求后根据节点簇的平均剩余能量以及距离划分出请求簇的优先级，每次选择候选充电簇时，均选择优先级最高的节点簇，以最小化网络中由于电量较低而失效的节点数量。另外，当某个移动充电器的充电任务超过其服务能力时，可以向其他相对空闲的充电器发送帮助信息，保持充电的均衡性。文献 [64] 提出了一种基于混合多元启发式方法的充电调度算法来对多个移动充电器进行充电调度。该文献结合杜鹃搜索和基因算法来优化多个移动充电器的调度，从而达到最小化充电延迟和总的移动距离及最大化能量利用率的目的。文献 [65] 利用遗传算法解决了多辆小车的充电调度问题。该文献通过设计基因结构、选择、交叉和突变操作，将多辆充电小车的充电调度问题转化为基因演变过程，所设计的算法在确保网络持续运行的前提下最小化移动充电器的移动距离。

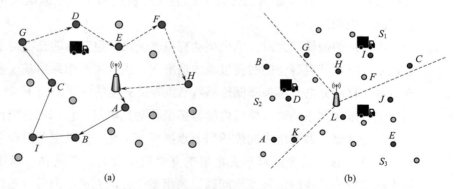

(a)　　　　　　　　　　　　　　(b)

图 4.1　单个移动充电器和多个移动充电器的充电调度方案

在无线可充电传感器网络中，移动充电器是相对成本比较高的设备，在单个移动充电器能够胜任充电任务的条件下，一般不会通过增加移动充电器数量来提高充电服务质量。因此，在小规模传感器网络充电时，主要采用基于单个移动充电器的方案。基于单个移动充电器方案的成本较低，充电调度的设计相对简单。然而，由于单个移动充电器的充电能力有限（如受到移动速度、充电功率及总能量的限制），即使采用单对多充电技术，单个移动充电器仍无法满足中、大规模的传感器网络充电需求。而基于多个移动充电器的方案适用于中、大规模传感器网络，它的优点在于每个移动充电器的充电成本比较低。这些移动充电器可以并行处理网络中的充电任务，减少充电延迟，并且可以通过协作完成单个移动充电器无法完成的工作。但基于多个移动充电器的方案总成本较高，并且其充电调度的复杂度远远高于基于单个移动充电器的方案。

4.1.2 依据充电范围

根据移动充电器的充电范围，可把现有的研究工作分为两大类，即基于单对单充电技术的方案［图 4.2（a）］和基于单对多充电技术的方案［图 4.2（b）］。

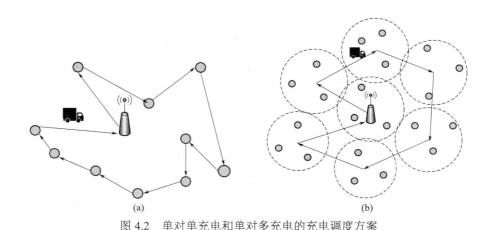

图 4.2 单对单充电和单对多充电的充电调度方案

在单对单的充电技术方案中，移动充电器一次最多只能为一个传感器节点提供充电服务。为了达到较高的充电效率，移动充电器需要移动到离传感器节点较近的距离为其充电，这时充电效率固定。这类研究方案通常是将充电调度问题转变成条件限制的旅行推销员问题，再进行最佳化求解。文献 [66] 通过考虑节点的剩余能量和节点与小车的空间距离来设计充电调度方案，该方案可以在最小化死亡节点的数量的同时最大化能量效率来延长网络的生命周期。文献 [67] 通过考虑节点在网络的连通和能量方面的关键性来设计充电调度方案，从而可以减少网络的数据损失。文献 [68] 设计了一种可分离充电电池阵列的无线充电小车，该小车移动到需要充电的节点附近就卸载一个充电电池，这样可以缩短网络中的充电等待时间。文献 [69] 研究了在动态部署的无线可充电传感器网络中，由于传感器节点的不确定性移动，节点的位置是动态和未知的，移动充电器需要跟踪移动的节点进行充电服务。文献 [70] 在综合考虑节点的剩余能量、到移动充电器的距离和关键节点密度的基础上，提出了一种基于模糊逻辑的充电调度方案。

在单对多的充电技术方案中，移动充电器可以同时给充电范围内的多个传感器节点充电。这类研究方案主要是将充电问题转换成充电覆盖问题，即选取最佳的停靠位置（能够覆盖尽可能多的传感器节点）进行充电服务，并在此约束条件的基础上，进一步提出优化的充电调度方案和提高网络效率的措施。文献 [71] 利用六边形算法将网络中的节点进行分群，然后根据群中节点剩余能量和地理位置确定优先级，移动充电器根据优先级进行充电调度，从而实现数据收集和能量补充的目标。文献 [72] 同时考虑了移动充电器对节点的充电时间和充电位置的优化，首次提出了联合优化问题，根据网络的动态变化来实时调整充电位置的坐标和相应的充电时间。为解决这个问题，该文献提出了一种启发式算法来确定最佳充电时间和最佳候选位置，然后再利用 Q-learning 技术在这些候选位置中确定下一个充电位置。文献 [73] 基于网络的动态环境，首先采用模糊逻辑算法来确定节点的充电量，然后根据剩余能量、能量消耗率、节点与充电位置之间的距离来优化充电时间，从而达到最大化生存节点的数量。同时，该文献还提出了模糊 Q-learning 充电方案来保证节点覆盖最大的感测目标数和连接率。文献 [74] 考虑如何利用无人机解决三维无线可充电传感器网络中的充电问题。解决该问题首先需要考虑到无人机自身的能量限制，同时如何最大化无人机为传感器提供充电能量。文献 [74] 还设计了空间离散化方案，在三维环境中构建了无人机的有限可行充电点集，以及时间离散化方案，确定了每个充电点适合的充电时长。然后，将问题转化为一个带有路由约束的次模最大化问题，并提出了一种具有可证近似比的成本高效算法来解决它。文献 [75] 规划了充电无人机的优化部署问题，并提出了改进的萤火虫算法来解决该问题，从而增加无人机充电范围内的传感器节点数和最小化充电无人机总的移动能量消耗。文献 [76] 考虑了发射线圈和接收线圈的互感对能量传输效率的影响，提出了一种基于一对多谐振充电方式下的在线能量补充方案，该方案基于互感模型和连续平面上的重心法选址问题，根据线圈之间的距离找出移动充电器的最优驻点，让多个节点的能量接收达到均衡，从而减少总充电时长，使充电效率最大化。文献 [77] 为寻找充电移动距离和充电效率之间的最佳平衡点，提出了一种近似复杂度为 $\ln n$（n 为传感器节点数）的贪婪充电束生成算法，用于优化充电束集合的生成。该文献还提出了基于旅行推销员问题（Traveling Salesman Problem，TSP）的方案来优化移动充电器的充电调度。

目前，基于磁耦合谐振充电技术的工作多采用单对单充电技术的方案。这类工作可以充分利用移动充电器的移动距离来保持很高的充电效率，减少充电过程中的能量损失，但移动充电器总的移动距离较长，从而消耗较多的能量。只有单个移动充电器时，方案的可扩展性差，当传感器节点较多时，无法保证充电调度。少数基于磁耦合谐振技术的工作采用单对多充电技术的方案，主要目标是解决单对单充电技术方案扩展性差的问题。在传感器节点部署较为密集的情况下，这类方案可以节约一定的时间和能量。

4.1.3　依据移动充电器的充电能力

移动充电器的充电能力受到其电池容量、移动速度、充电功率等因素的影响。现有的研究方案根据移动充电器的充电能力可以分为移动充电器充电能力无限大、移动充电器充电能力有限但足够和移动充电器充电能力有限但不足的方案。

在基于移动充电器的充电能力无限大的方案中，考虑的最理想情况就是移动充电器的能量无限或者忽略移动时间、充电时间等。在这种情况下，移动充电器可以在感测区域中随机或者按一定的调度移动，持续地为网络中的传感器节点提供充电服务。文献 [78] 考虑了一个目标监测传感器网络，假设该网络是冗余部署的，这些传感器节点的充电时间和放电时间服从一定的分布，目标是通过调节每个传感器节点的睡眠和工作时间来最大化网络效用。该文献提出的网络效用表示为一个关于事件检测率的非减连续凹函数。为了解决这个问题，建立了马尔可夫模型进行分析，并据此提出了一种分布式基于阈值的激活策略，能够达到近似最优的睡眠调度。

在基于移动充电器充电能力有限但足够的方案中，假设移动充电器的充电能力足够在一次充电调度中为任意数量的传感器节点提供充电服务，完成当次充电调度后需要回到基站或服务站补充能量。这类方案需要考虑如何最小化移动充电器的总能耗。为了使充电成本最小化，每一轮的充电调度考虑设计以基站或服务站为起点和终点的哈密顿回路。文献 [79] 考虑了移动距离的充电行程最小化问题，并且还设计了一种近似算法来解决移动充电器充电行程中的充电效用最大化问题，进一步地，通过利用该问题的组合优化性质，设计了一个具有常数近似比的行程最小化算法。文献 [80] 根据数据在传输中不同节点的贡献度和能量消耗不同，将感测区域分为 0 环和数个外环。位于 0 环中的传感器节点需要承担较多的数据转发任务，能量消耗较大。在 0 环中，移动充电器采用一对一的充电模式，并设计合理的充电调度算法使移动充电器总的移动距离最短。而对位于外环的节点，其能量消耗较低，采用一对多充电模式，还进一步提出了一种资源分配算法来合理预分配网络的能量。文献 [81] 提出了无人机的能量利用效率概念来分析单架无人机的最优飞行调度路径问题，并且还设计了一种多项式时间随机化近似方案来找出最少数量的无人机充电悬停点。

在基于移动充电器充电能力有限但不足的方案中，移动充电器的充电能力不足以为整个无线可充电传感器网络提供能量补充。因此这类方案的目标通常是利用移动充电器有限的充电能力，在每一次的充电调度中，选择对网络性能影响较大的传感器节点进行充电服务，从而保证网络性能（如生命周期、监测目标等）最大化。文献 [82] 采用了多架能量有限的无人机对传感器节点进行充电服务。该文献在无人机容量约束的条件下，联合优化无人机的悬停位置和飞行轨迹的选择，并提出了一种启发式算法来调度每架无人机，从而最大化无人机的能量利用率。文献 [83] 提出了对传感器节点进行部分充电的充电调度方案，该方案根据在监测任务中节点的贡献度来选择一部分节点进行充电，并排除可能降低系统性能的传感器节点。实验结果表明，该方案可以极大提高无线充电小车的充电效率和网络的吞吐、充电成功率等性能。文献 [84] 首先提出了一种衡量无线充电信道的函数指标——浪费率，然后建立了一个能量效率优化模型来最小化浪费率。通过该模型可以得到最佳节点充电集合，并通过哈密顿回路，采用最近邻优先算法得出该充电小车的充电调度。该文献还提出了一种扩展节点动态替换策略来避免节点过早死亡，从而产生能量空洞。文献 [85] 主要研究如何通过协调多个移动充电器来提高其能效，从而保证网络正常运行。该文献将同时优化移动充电器的充电调度、移动时间和充电时间的问题，将其定义为混合整数规划问题，并提出优化协调多个移动充电器（OMC）来解决这个问题。

理论上，合理的充电规划，能量足够和能量有限但足够的充电调度方案可以保证网络的生命周期无限延长。其中，充电器能量足够的方案需要充电器随时有足够的能量为网络中的传感器节点充电。但在实际实施时，很难保证移动充电器的能量无限大，即使移动充电器能够采用能量收集的方法补充能量，仍不能保证持续、稳定的电力来源。能量有限但足够的充电调度方案通过引入服务站为移动充电器补充能量，但移动充电器的部署代价较高，并且充电调度方案的设计要求更高。能量有限但不足的充电调度方案需要考虑与网络的节能方法相结合使用，从而达到更好的使用效果。

4.1.4 依据充电周期

根据充电周期，现有的研究方案主要分为基于周期性充电的方案和基于按需充电的方案。

在基于周期性充电的方案中，移动充电器每一次的调度的持续时间、充电路径及节点的充电顺序都相同。当采用单个移动充电器时，这类方案每一次的充电调度对所有传感器节点充电；而采用多个移动充电器时，每个移动充电器可以只为一部分传感器节点进行周期性充电。文献 [86] 基于节点的负载值设计了多辆无线充电小车有效的周期充电路径。文献 [87] 考虑如何在大规模网络中采用最少数量的移动充电器给传感器节点进行周期性能量补充。

该文献定义了一个新的度量 W，即传感器每距离的平均能耗比，并根据节点 W 值的大小，调度移动充电器的访问顺序。文献 [88] 侧重于网络的监测质量，主要考虑网络的连接度和传感器的监测覆盖范围的优先组态，提出了最大化网络的监测质量的移动充电器的充电调度算法。该算法将感测区域划分成数个六边形格子，并在计算每个格子的覆盖范围和连接度的基础上进行充电调度。文献 [89] 考虑到了在桥梁等处无线充电小车无法进行充电服务，故提出了一种新型的充电系统，即公交车辅助无人机给传感器节点充电的系统。无人机辅助公交车沿公交路线为部署在城区里的桥梁、高楼等传感器节点提供固定周期的充电服务。文献 [90] 提出了联合优化充电调度和充电时间分配的离线方案。在周期和混合服务的基础上，该方案的性能较好。文献 [91] 提出了一种混合粒子群优化遗传算法来最大化对接时间比，从而确保网络中的节点能量周期性变化，永远不会耗尽。

在基于按需充电的方案中，充分考虑网络中传感器节点的能耗不均衡，根据传感器节点的充电请求来计算充电调度路径（图 4.3）。每一次提出充电请求的传感器节点不同，故每一次的充电调度路径也不同。与基于周期性的充电方案相比，这类方案更加节能，根据需求有针对性地进行充电，避免了对能量充足的节点进行不必要的充电。文献 [92] 首次采用了一种充电可调度的评估方法来确定单辆充电小车是否能完成充电任务，并在该评估方法的基础上设计了一种算法来寻求最佳充电路径。该文献还考虑到了一旦评估结果无法完成充电调度，则放弃一些不必要的充电请求来确保关键节点能得到充电服务。文献 [93] 充分考虑了时间和空间因素，并在引力搜索算法的基础上提出了一种有效的充电调度方案。文献 [94] 提出了一种新型的充电调度方案，该方案整合了两种流行的多属性决策方案，通过评估网络的各种属性（如剩余能量、到移动充电器的距离、能量消耗率和邻域能量权重）来确定移动充电器的充电调度。文献 [95] 考虑到现有的移动充电调度方案难以同时兼顾周期性充电调度的高充电效率和按需充电的动态调度的实时性，故提出了一种按需充电的无线传感器能量补给调度方案，首先每个周期对所有请求充电的全局优化节点充电路径，接着将实时性请求结合动态插入法安排紧急需求节点充电。通过仿真实验比较，所提的混合充电调度算法在充电路径、总耗能等性能上明显优于最近时间优先（EDF）[68] 和近似算法。文献 [96]

把充电宝作为移动充电器和传感器节点之间的代理，并将充电过程分为两个阶段。第一阶段是移动充电器从基站出发给代理充电宝充电的过程，第二阶段是代理充电宝给区域附近的多个传感器节点充电的过程。把充电宝作为代理节点的方案可以减少移动充电器的移动时间和充电等待时间，有效地提高了网络的生命周期和性能。文献 [97] 提出了利用最近距离优先的原则来建立能够预估移动充电器移动路径长度上限的数学模型，并利用该模型确定触发节点充电请求的阈值。合理地设定阈值可以缓解移动充电器的充电调度压力。文献 [98] 采用了两个移动充电器为传感器节点充电。根据最小化传感器节点的剩余时间的原则来优化调度一个移动充电器的充电路径，而另一个移动充电器作来备选充电器用于确保节点的能量不会低于阈值。文献 [99] 综合考虑了节点剩余能量、到移动充电器的距离、能量消耗率和关键节点密度等网络属性，在按需充电架构的基础上，利用模糊逻辑确定充电调度。该文献还提出了基于充电请求的自适应阈值计算公式，使能量消耗率不均匀且动态的节点能够得到及时充电服务。文献 [100] 为了达到在每一个停留点最大化充电节点数从而减少充电延时的目标，采用了多个移动充电器多点充电的方案。该文献还提出了一个新的分群算法对有充电请求的节点进行分组，并通过迭代解决基于多时间窗问题的旅行推销员问题来计算充电调度。多时间窗问题的解决要求优化移动充电器的路径规划，以最小化总体成本（如行驶距离、时间或成本）的同时满足节点时间限制。这意味着需要考虑多个时间窗口之间的相互关系，并找到最佳的路线，以在规定的时间内访问所有传感器节点并尽量减少移动成本。文献 [101] 研究了用一个移动的中心点来收集节点的感测数据的同时为节点补充能量。

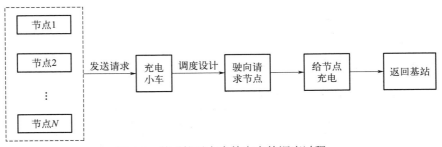

图 4.3　基于按需充电的方案的调度过程

在使用单个移动充电器进行充电时，基于周期性充电的方案不考虑传感器网络能耗不均衡的特点，每一次的充电调度都对所有传感器节点充电。基于周期性充电的方案的优点是规划简单、可以离线计算、运行效率高，很容易保证所有传感器节点不死亡，并从理论上容易得出一些高效的判定结果。然而，当网络能耗不均衡时，每一轮实际上只有部分传感器节点需要充电，其他大多数传感器节点的剩余能量非常充足，如果同时为这些传感器节点充电，则移动充电器的移动实际上消耗了大量的能量。为了提高移动充电器的整体充电效率，可以使用多个移动充电器或者基于按需充电的方案。基于按需充电的方案每次调度只为有充电请求的传感器节点充电。这样，能量消耗较低的传感器节点很久才需要充一次电，并且每个传感器节点的剩余能量每一次都是变化的。基于按需充电的方案的优点在于，当传感器网络能耗不均衡时，可以大大缩短移动充电器总的移动距离，提高移动充电器的充电效率。但是在按需充电方案中，需要经常查询传感器节点的能耗和剩余能量，通信开销较高。

4.1.5 充电调度方案分类

上述充电调度研究方案的详细分类如表 4.2 所示，其中，"—"表示该研究方案未提及相关假设。

表 4.2　现有的充电调度研究方案分类

文献	充电器数量	充电范围	充电能力	充电周期
[78]	—	—	足够大	—
[53]，[93]	单个	单点	足够大	按需
[83]	单个	单点	有限但不足	按需
[57]，[60]，[84]	单个	单点	有限但不足	周期
[52]，[55]，[56]，[66] ~ [68]，[70]，[92]，[95]，[97]	单个	单点	有限但足够	按需
[54]，[59]，[69]，[81]，[91]	单个	单点	有限但足够	周期
[80]	单个	单点 / 多点	有限但足够	周期

文献	充电器数量	充电范围	充电能力	充电周期
[88]	单个	多点	足够大	周期
[74]，[75]	单个	多点	有限但不足	周期
[73]，[76]，[77]，[94]，[101]	单个	多点	有限但足够	按需
[51]，[58]，[79]	单个	多点	有限但足够	周期
[72]，[96]	单个	多点	足够大	按需
[61] ~ [63]，[71]，[99]，[100]	多个	多点	有限但足够	按需
[82]，[85]，[86]，[89]	多个	单点	有限但不足	周期
[64]，[65]，[98]	多个	单点	有限但足够	按需
[87]	多个	单点	有限但足够	周期
[90]	多个	单点	有限但足够	周期 / 按需

根据以上分析可知：不同的应用场景可以采用不同的充电调度方案，具体的设计原则可以从成本与实现难易程度的角度出发。

4.2
无线可充电传感器网络中充电调度方案设计

4.2.1 充电调度方案的设计准则

在 4.1 节基于现有研究中 4 个不同的维度，分析了不同类型的充电调度方案。本节将从网络设计者的角度出发，提出充电调度的一般性设计思路，并根据不同应用类型的无线可充电传感器网络，结合网络部署的规模和密度，设计合适的充电调度方案。

如果基站对于传感器节点的状态未知，则采用周期充电调度方案比较合适；如果基站可以查询或接收到传感器节点的能量状态信息，则适合采用按需充电调度方案。如果传感器节点分布密集，或者呈簇状分布，每个簇内分布密集，则可以采用单对多的充电调度方案，这样可以缩短移动距离，提高充电效率；否则，传感器节点分布稀疏，由于受到充电效率的限制，采用多点充电技术不会获得额外收益，还有可能降低充电效率，因此，采用单点充电类型的调度方案最佳。如果应用需求网络的生命周期正常工作尽可能长的时间，则需要配置充电能力较强的移动充电器，因此适合采用移动充电能力足够大和充电能力有限但足够的充电调度方案，或者采用多个移动充电器协同充电的方案；在战场环境或极端环境的情况下，网络需要尽量保持存活，同时收集尽可能多的信息，为了节约成本，故适合采用充电能力有限但不足的充电调度方案。

4.2.2　应用场合

以上充电调度方案的一般性设计准则可以帮助设计者根据不同的需求和应用场合快速确定合适的充电调度方案。下面列举 3 个案例 [22] 对充电调度方案的设计进行说明。

(1) 部署监控金门大桥无线可充电传感器网络

金门大桥上部署了一个由 64 个传感器节点组成的无线可充电传感器网络来监测大桥的状况。节点主要部署在金门大桥的南塔和主桥身，所有传感器节点连续地采集数据，并通过一条 46 跳的路由将数据发送到终端进行存储和处理。如果没有稳定、持续的能量补充，网络中的传感器节点，特别是靠近终端基站的节点，将很快耗尽能量停止工作，从而使网络失去效用。因此，根据充电调度方案的一般性设计准则来部署无线充电系统，使得整个网络能够持续稳定工作。具体来说，该网络的特点和采用方案如表 4.3 所示。

表 4.3　部署金门大桥无线可充电传感器网络的充电调度方案选择

	网络的生命周期	网络规模	节点部署密度	节点能耗均衡性
网络特点	需要持续工作一段时间，进行实时监测	只需要沿桥体部署，规模较小	较低	节点能耗不均衡，越靠近基站的节点能耗越高

	网络的生命周期	网络规模	节点部署密度	节点能耗均衡性
采用方案	充电器能力有限但足够或能力有限但不足	单个充电器	单点充电	按需充电

根据表 4.3 的分析，该网络的充电调度设计如下：采用单个移动充电器为该网络中的传感器节点充电，节点的剩余能量低于预设的阈值时，向基站发送充电请求；对于每个有充电请求的节点，移动充电器移动到其附近采用一对一充电模式进行充电服务。考虑到桥体位置的特殊性，由无人机装载体无线充电设备作为移动充电器给传感器节点充电。由于无人机的体积较小，所携带的电池容量有限，在充完有限个节点后，需要及时停靠在附近的服务站补充电能。

(2) 监控农田环境的无线可充电传感器网络

一个农场需要部署一个无线可充电传感器网络来监测农田的环境。每块农田部署约 10 个异构的传感器节点来定期地采集数据，并把数据发送给网络中的基站。农场面积较大，传感器节点都是部署在地下 20 ~ 40cm 处，人工替换节点电池的成本很高，因此，可以采用无线充电技术来确保整个网络能够持续、稳定地工作。具体来说，该网络的特点和采用方案如表 4.4 所示。

表 4.4　农田环境中无线可充电传感器网络的充电调度方案选择

	网络的生命周期	网络规模	节点部署密度	节点能耗均衡性
网络特点	需要持续工作一段时间，对农田状态进行实时监测	较大	较低	节点能耗均衡
采用方案	充电器能力有限但足够	单个充电器或多个充电器	单点充电	周期充电

根据表 4.4 的分析，该网络的充电调度设计如下：为节约成本，采用单个移动充电器周期性为该网络中的传感器节点进行一对一充电，当充电器所携带的电池能量足以完成一次的周期性充电任务后再返回服务点补充自身能量。

(3) 在公路上部署车辆监控与追踪的无线可充电传感器网络

在一段公路沿线部署无线可充电传感器网络对过往车辆进行监测和追

踪。该网络中需要的传感器节点包括地震波传感器、声波传感器及雷达传感器等。所有类型的传感器节点将数据通过多跳的方式传送给基站。根据充电调度方案的一般性设计准则来部署无线充电系统，使得整个网络能够持续稳定地工作。具体来说，该网络的特点和采用方案如表 4.5 所示。

表 4.5　公路环境中部署无线可充电传感器网络的充电调度方案选择

	网络的生命周期	网络规模	节点部署密度	节点能耗均衡性
网络特点	需要确保在一段时间内能够持续地对车辆进行监测和追踪	网络沿公路部署，规模较大	节点部署密度较低，节点路由呈树状拓扑	节点功能不同，且受监控路段上车辆因素影响，能耗不均衡
采用方案	充电器能力足够大	多个充电器	单点充电	按需充电

与前两个例子不同的是，本例中移动充电器并非专为网络中的节点进行无线充电而设计的。可以在巡逻的警车或者经过的公交车上配备无线充电设备，由于这些车辆的电量远远大于传感器节点的电量，因此可以认为其充电能力是无限的。一个可行的充电调度方案设计如下：当传感器节点的能量低于预设阈值时，向基站发送充电请求。当移动充电器经过该公路时，根据基站发布的充电任务停留在节点附近为其充电。

4.3
本章小结

本章主要介绍无线可充电传感器网络中的相关充电调度设计工作，并从 4 个不同的维度对这些工作进行分类、对比及分析，并从中抽取出充电调度设计较为通用性的设计原则，从而提出在不同应用场景中充电调度方案的一般性设计准则。本章选取 3 个实际部署的无线可充电传感器网络应用场景，并基于该思路分别设计这些传感器网络的充电调度设计方案，表明该设计方案的易用性和实用性。

虽然无线可充电传感器网络中的充电调度问题已经得到了广泛、深入的研究，但仍有以下问题值得进一步探索。

(1) 充电调度方案的选择

现有的研究工作提出了各种充电调度方案。这些方案包括周期性充电和按需充电调度、基于单个移动充电器的充电调度和基于多个移动充电器的充电调度等。然而，现有研究还不能指出在什么样的情况下采用何种类型的充电调度部署方案更佳。例如，当传感器节点能耗极不均衡时，采用按需充电调度比采用周期性充电方案的充电成本更低；但是，在现在的研究中还未给出合适的传感器节点能耗不均衡度的度量方法，以及当传感器节点能耗不均衡度达到多少时更适合采用按需充电方案。现有的研究也没有指出传感器网络的规模具体达到多大时采用多个移动充电器进行无线充电服务。总之，在相同维度下，如何对充电调度方案进行定量精确的选择，是未来研究的一大挑战。

(2) 移动充电器充电能力不足的解决

现有研究在充电能力有限但不足的情况下，大多采用尽可能多充的充电调度方案。然而，网络中的各传感器节点由于其数据采集类型、数据重要性、所处地理位置、所处拓扑位置等的差异性，会有优先级的区别。因此，如何根据影响网络的最终效用的因素来对传感器节点进行优先级划分，以及如何根据优先级来设计充电调度方案，也是未来值得研究的内容。

(3) 装载无线充电设备的移动载体的选择

在现有研究中部署的无线可充电传感器网络大多将无线充电小车作为移动载体。然而，在有些地形特殊的场合，如火山、桥体及水下等，无线充电小车无法使用或移动受限。因此，可以考虑采用其他移动载体，如无人机或水下机器人等，对这些特殊的移动载体进行充电调度，也是未来研究的一大方向。

第5章

无线充电无人机充电调度技术

在多数关于无线可充电传感器网络中无线充电调度的研究中，采用将无线充电器和无线充电装备装载在移动小车上，对无线传感器节点进行无线充电。但是，由于小车的移动区域和移动速度的限制，一些传感器节点无法得到及时充电服务，从而影响了网络的生命周期。

无线充电无人机（无人机）具有灵活性、较高的飞行速度、低成本和较小的尺寸等优点，使其在无线可充电传感器网络充电应用方面具有很大的研究潜力。然而，无人机的电池容量有限且不足，在大规模无线可充电传感器网络中无法单独使用无人机为传感器节点充电。本章考虑在地面上部署静态的无线充电板为无人机提供能量补充服务，并讨论这种新型无线充电系统所带来的充电调度技术问题。

多数的研究考虑采用配备有大容量电池和无线充电设备的无线充电小车来给网络中的传感器节点充电。这些研究某种程度上可以解决网络的能量问题，但是，仍然存在着两个无法忽视的缺点。

(1) 越野限制

在道路稀少的山丘或岛屿等危险环境中，小车的移动受限。另外，当遇到障碍物或岔路口时，小车无法越过从而靠近网络中的传感器节点提供充电服务，如图 5.1 所示。

(2) 移动速度受限

小车的移动速度有限，当有大量节点同时发出充电请求时，小车就不能满足所有的充电任务，这将会导致一些传感器节点停止服务，从而影响网络的服务质量。

因此，这两个缺点限制了网络的应用和发展。近年来，一些研究考虑采用无线充电无人机来给网络中的节点充电。然而，当无人机的电池能量快要耗尽时，无人机需要返回基站补充能量，这将导致无人机在传感器节点和基站之间往返过于频繁。此外，无人机的无线充电技术也有了一定的突破，一种配置大功率且可高效无线传输，并可实现无人机自动着陆，进行无线充电的无线充电板（充电板）应运而生。该充电板可以避免无人机非必要且频繁地返回基站。

为了克服越野和行驶速度的缺点，本章提出了一个新的无线可充电传感器网络模型，该模型的充电系统包含单架无人机和多个充电板。新模型假设如下：来自传感器节点的充电请求被发送到基站，由基站计算并规划无人机的最优充电调度。当接收到充电任务时，无人机根据分配的时间表从基站出发到传感器节点充电。在飞行过程中，如果无人机的能量低于预设的阈值，它必须飞到邻近的充电板上进行能量补充，然后再访问下一个节点。当完成充电任务后，无人机返回到基站等待下一个充电请求的任务。

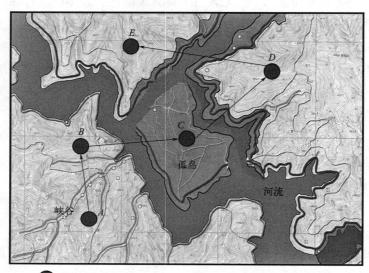

● 充电请求节点　　　　——→ 无线充电无人机的充电调度路径

　　　　　　　　　　　-----→ 无限充电小车的充电调度路径

图 5.1　无线充电小车移动受限场景

无人机体积较小，所配备的电池容量也有限，这会制约无人机在无线可充电传感器网络中的应用。由于有限的电池容量，与无线充电小车相比，无人机的飞行距离有限。如果一次充电任务的行程较长，无人机需要降落在多个充电板上补充能量来满足这一次任务中的所有充电请求。

例如，如图 5.1 所示，无人机可以直接从节点 A 飞到节点 B，再飞到节点 C 等。无人机的速度可以达到 161 ～ 465.29km/h。采用无人机代替充电小车充电，可以缓解小车的速度限制。因此，建立一个新型的充电系统，如何选取有效地理位置部署充电板，是本章要解决的一个重要问题。如果部署的数量不足，就会导致部分节点落在无人机的飞行范围之外，从而无法得到及时的充电服务。此外，仅为了确保最大覆盖范围而部署多余的充电板，会增加不必要的成本。

为了解决充电效率与充电成本之间的矛盾，本章提出了一个充电板部署优化路径，即尽可能部署最少数量的充电板并能够使网络中的基站到每个传感器节点都至少存在一条充电调度路径。为解决该充电板部署问题，本章还设计了最小集合覆盖（MSC）、生成树节点着色（TNC）、图节点着色（GNC）和圆盘覆盖（DC）四种可行的启发式方案。与此同时，本章还讨论了一种新型的无人机充电调度方案，即最短多跳路径（SMHP）充电调度方案，从而在充电板部署方案的基础上找到一个最佳的充电调度。

5.1
系统模型

本节将详细讨论新型无线可充电传感器网络的架构和组成。该新型网络由一组随机放置的传感器节点、一架无人机、多个充电板及一个基站组成，如图 5.2 所示。

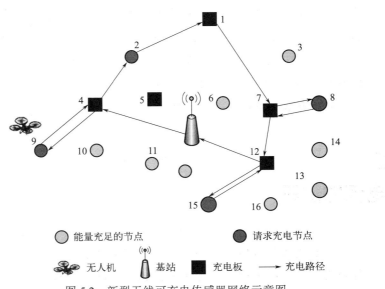

图 5.2　新型无线可充电传感器网络示意图

该网络的假设如下：

① 传感器节点都是同质并静态分布在感测区域。每个传感器节点都有一个唯一的识别标识，其电池容量有限。基站可以识别每个传感器节点的标识和其坐标值。

② 当传感器节点的剩余能量低于预设阈值时，就会发送一个充电请求给基站。无人机一次只能给一个节点充电，并且充电板的能量假设是无限大。

③ 基站位于感测区域的中间，接收所有感测数据，并为无人机提供能量补充等服务。基站计算无人机的充电调度，并将该调度指令发送给无人机。无人机根据该调度从基站出发给传感器节点充电，并在充电任务完成后，返回基站等待下一个充电任务。

④ 充电板静态部署在感测区域中。当无人机降落在充电板上，可以自动进行无线连接并进行充电服务。系统假设每个充电板一次只允许一架无人机停留。

与传统的采用充电小车的 WRSN 不同的是，新型系统模型采用单架无人机为网络中的传感器节点充电，并部署多个充电板。无人机按预先计算的充电调度执行充电任务，但当其自身能量低于预设阈值时，必须降落在邻近充电板上补充能量。与无线充电小车相比，无人机避免了越野限制，且飞行速度较快。因此，新型网络在一些地形复杂的危险环境和大规模应用中具有一定的优势。无人机不仅可以更精确地完成充电任务，还可以缩短充电任务的执行时间，确保了网络的正常运行。

本章所使用的符号如附录所示，下一节将进一步介绍本章所使用的定义。

5.2
充电板的部署

在这种新型充电模型中，充电板的部署影响了网络的性能。因此，在不影响充电任务的前提下，在感测区域内部署尽可能少的充电板是本节要研究的关键问题。为了更好地研究充电板的部署问题，需要对几个相关问题进行定义。

定义 5.1 充电板部署问题。在一个平面上给定一个基站和一组传感器节点的坐标，解决该问题就是要计算出所需的最少充电板的数量及坐标，使每个传感器节点至少存在一条从基站到该节点的无人机飞行路径。

假设无人机的当前路径是 s_0（基站）$\rightarrow s_1 \rightarrow s_2 \rightarrow \cdots \rightarrow s_K$，则无人机剩余的能量能支持的最长飞行路径的计算如式（5.1）所示。

$$d_{\text{rem}} = \frac{e_{\text{max\_d}} - \sum_{i=1}^{K}\left(\dfrac{d_{i,i+1}}{v_{\text{d}}}P_{\text{d}} + r_{\text{c}}\right)}{P_{\text{d}}} v_{\text{d}} \tag{5.1}$$

充电板部署问题要求在感测区域中选择 K 个位置，并在每个位置上部署一个充电板，以便无人机借助充电板从基站到每个传感器节点都至少有一条连接的可行性飞行路径。

一般来说，无人机需要飞到具有充电请求节点的附近才能进行一对一充电服务，但由于无人机飞行距离的限制，在完成一个节点的充电任务后，无人机的剩余能量要保证它能够到达最近的充电板上充电。忽略任何充电请求，用 D_{dmax} 表示无人机的最长飞行距离。一条可行的充电飞行路径如定义 5.2 所示。

定义 5.2 给定确定的飞行距离 D_{dmax}，飞行路径为（基站）$p_0 \rightarrow s_{0,1} \rightarrow s_{0,2} \rightarrow \cdots \rightarrow s_{0,o(0)} \rightarrow p_1 \rightarrow s_{1,1} \rightarrow s_{1,2} \rightarrow \cdots \rightarrow s_{1,o(1)} \rightarrow p_2 \rightarrow s_{2,1} \rightarrow s_{2,2} \rightarrow \cdots \rightarrow s_{2,o(2)} \rightarrow \cdots \rightarrow p_K \rightarrow s_{K,1} \rightarrow s_{K,2} \rightarrow \cdots \rightarrow s_{K,o(K)} \rightarrow p_{K+1} \rightarrow p_0$（基站）是可行路径当且仅当 $d(p_i, s_{i,1}) + d(s_{i,1}, s_{i,2}) + \cdots + d(s_{i,o(K)}, p_{i+1}) \leqslant D_{\text{dmax}}(0 \leqslant i \leqslant K)$，其中充电板集为 $P=$ 基站 $\cup (p_1, p_2, \cdots, p_K)$，集合 $\{s_1, s_2, \cdots, s_N\}$ 包含充电路径中有充电请求的节点。

显然，在给定的最长飞行距离的限制下，一条可行的飞行路径确保无人机能够完成分配给它的充电任务。本节中将尝试部署尽可能少的充电板，这样，对于每一个有充电请求的传感器节点，总是存在一条从基站到该节点的可行性飞行路径。

定义 5.3 飞行距离限制的充电板部署问题。给定一个基站、一组已知坐标位置的传感器节点和最长飞行距离。飞行距离限制的充电板部署问题，就是找所需部署的充电板数量及其部署坐标，以便于从基站出发到每个节点都存在至少一条可行性飞行路径。

显然，飞行距离限制下的充电板部署问题对本章所提的网络模型中充电板部署问题进行了简化。最初，飞行距离限制下的充电板部署问题难以建模，因为对于一个特别的请求节点可能存在许多的可行性路径。因此，后续小节所设计的解决方案可以有效且间接地处理这个问题。

定义 5.4 给定一个基站及 N 个传感器节点 $\{s_1, s_2, \cdots, s_N\}$，充电板的覆盖问题就是寻找一个最小的充电板集 $\{p_1, p_2, \cdots, p_K\}$，这样需要满足以下两个必要条件。

条件（1）：对于 $\{s_1, s_2, \cdots, s_N\}$ 中的每个 s_i，存在至少一个来自充电板集合 $\{p_1, p_2, \cdots, p_K\}$ 中的 p_j，使 $d(s_i, p_j) \leq D_{\mathrm{dmax}}/2$，即说明 p_j 覆盖 s_i。

条件（2）：设节点集 $V=\{$基站 $=p_0, p_1, p_2, \cdots, p_K\}$，$(p_i, p_j) \in E$（边集合）当且仅当 $p_i \in V$，$p_j \in V$ 且 $d(p_i, p_j) \leq D_{\mathrm{dmax}}$，构造的图 $G=(V, E)$ 是连通的。这里 d 表示欧几里得距离函数。

采用一个半径为 r 的圆表示充电板的服务区域，其中 $r=D_{\mathrm{dmax}}/2$。条件（1）确保每个传感器节点 s 都存在至少一个邻近充电板 p_i，能够给无人机补充额外的能量，使得无人机能飞向节点 s 进行充电服务，然后再次飞回充电板 p_i 补充能量。直观上来说，充电板覆盖问题是解决如何使用最少数量的圆覆盖所有传感器节点的问题。

此外，条件（2）确保无人机能到达每一个充电板。由于任意两个可连接充电板之间的距离小于 D_{dmax}，无人机可以从一个充电板直接飞到另一个充电板，补充好能量之后，再飞往下一个目的地。通过重复上述过程，由于潜在飞行图的连通性，无人机能够到达每一个充电板。接下来的理论将说明这个问题。

定理 5.1 一个飞行距离有限的充电板部署问题等同于充电板覆盖问题。

证明： 对于一个充电板集 $P=\{p_1, p_2, \cdots, p_K\}$，考虑到飞行距离有限，充电板的部署确保满足从基站到每个节点都至少存在一条可行性路径，当且仅当集合 $P=\{p_1, p_2, \cdots, p_K\}$ 满足充电板覆盖问题的两个条件。

假设存在一个充电板集合 $P=\{p_1, p_2, \cdots, p_K\}$ 满足充电板覆盖问题的两个条件，证明从基站至某个节点 s 都存在一条可行性飞行路径。根据条件 (1)，每个节点 s 至少被一个充电板 p 覆盖，其中 $d(s, p) \leqslant D_{dmax}/2$。由于构造的图是连通的 [其中 $V=\{$ 基站 $(p_0, p_1, p_2, \cdots, p_K)$，$(p_i, p_j) \in E$ 当且仅当 $p_i \in V$，$p_j \in V$，$d(p_i, p_j) \in D_{dmax}]$，从基站到充电板 p 存在一条往返飞行路径，即基站 $(p_0) \to p_1 \to p_2 \to \cdots \to p_K=p \to \cdots \to p_2 \to p_1 \to p_0$ (基站)，其中 $d(p_i, p_{i+1}) \leqslant D_{dmax}$（$i=0$ 到 $K-1$）。结合充电板 p 与节点 s 的局部往返路径 $p \to s \to p$，最终形成一条完整的可行性飞行路径，即基站 $(p_0) \to p_1 \to p_2 \to \cdots \to p \to s \to p \to \cdots \to p_2 \to p_1 \to p_0$ (基站)。

此外，假设从基站到每个传感器节点总是存在一条可行性飞行路径，那么采用的最少数量的充电板形成一个充电板集合 $P=\{p_1, p_2, \cdots, p_K\}$。因此，需要证明在充电板覆盖问题中集合 $P=\{p_1, p_2, \cdots, p_K\}$ 满足条件 (1) 和条件 (2)。下面将采用反证法来证明。

假设条件 (1) 不满足，也就是说存在一个节点 s 不被充电板集合中的任意一个充电板 p_j 覆盖。这意味着对于充电板集 $\{p_1, p_2, \cdots, p_K\}$ 中任何一个 p_j，都有 $d(s_i, p_j) > D_{dmax}/2$。然而，总是存在一条可行性飞行路径从基站到节点 s，然后再飞回基站，则这条路径为：基站 $(p_0) \to s_{0,1} \to \cdots \to s_{0, o(0)} \to p_1 \to s_{1,1} \to \cdots \to s_{1, o(1)} \to p_2 \to s_{2, 1} \to \cdots \to s_{2, o(2)} \to \cdots \to p_i \to s_{i, 1} \to \cdots \to s_{i, j}=s \to \cdots \to s_{i, o(i)} \to p_{i+1} \to \cdots \to p_K \to s_{K, 1} \to \cdots \to s_{K, o(K)} \to p_{K+1}=p_0$ (基站)。根据定义 5.3，$d(p_i, s_{i, 1})+d(s_{i, 1}, s_{i, 2})+\cdots+d(s_{i, j-1}, s_{i, j}=s)+d(s_{i, j}=s, s_{i, j+1})+\cdots+d(s_{i, o(K)}, p_{i+1}) \leqslant D_{dmax}$。这意味着要么 $d(p_i, s_{i, 1})+d(s_{i, 1}, s_{i, 2})+\cdots+d(s_{i, j-1}, s_{i, j}=s) \leqslant D_{dmax}/2$，要么 $d(s_{i, j}=s, s_{i, j+1})+\cdots+d(s_{i, o(K)}, p_{i+1}) \leqslant D_{dmax}/2$。根据三角不等式，要么 $d(p_i, s) \leqslant D_{dmax}/2$，要么 $d(s, p_{i+1}) \leqslant D_{dmax}/2$。也就是说，要么 p_i 覆盖 s，要么 p_{i+1} 覆盖 s。这就与前面假设产生矛盾，因此，条件 (1) 成立。

假设条件 (2) 不满足，构造的图 $G=(V, E)$ 不连通。其中，$V=\{$ 基站 $(p_0), p_1, p_2, \cdots, p_K\}$；当 $p_i \in V$、$p_j \in V$、$d(p_i, p_j) \leqslant D_{dmax}$ 时，$(p_i, p_j) \in E$。因为 G 不连通，假设 p_x、p_y 属于 G 不同的连通分量，意味着在图 G 中没有路径连接 p_x 和 p_y。此时，不存在从基站出发到 p_x（或 p_y）的可行性路径；否则，存在一条到 p_x 的可行性路径和另一条到 p_y 的可行性路径，这两条路径都是从基站出发。综合这两条路径，可以发现存在一条可行性路径连接 p_x 和 p_y。

这跟前面的假设产生矛盾，因此，条件 (2) 成立。

定理 5.1 通过求出充电板覆盖问题的解，从而解决具有飞行距离限制的充电板部署问题。在 5.2.2 节 ~ 5.2.6 节将证明针对充电板覆盖问题设计有效的部署方案比解决具有飞行距离限制问题的充电板部署问题更容易。

5.2.1 充电板部署问题的数学模型

根据定理 5.1，上述问题的表述可以定义为

$$最小化：\left| P = \{p_1, p_2, \cdots, p_K\} \right| \tag{5.2}$$

约束：

$$\sum_{p_j \in P \cup \{p_0\}} c_{ij} \geqslant 1, \forall s_i \in S \tag{5.3}$$

$$\sum_{p_i \in P \cup \{p_0\}} e_{ij} \geqslant 1, \forall p_j \in P \cup \{p_0\} \tag{5.4}$$

$$e_{ij} = \begin{cases} 1, & d(p_i, p_j) \leqslant D_{d\max} \\ 0, & 其他 \end{cases} \tag{5.5}$$

$$e_{ij} = \begin{cases} 1, & d(s_i, p_j) \leqslant D_{d\max} / 2 \\ 0, & 其他 \end{cases} \tag{5.6}$$

$$\sum_{\substack{\Omega 是 P \cup \{p_0\} - \{p_i, p_j\} \\ 的子集的一种排列}} \left(e_{i,\Omega(1)} \times \prod_{k=1}^{|\Omega|-1} e_{\Omega(k),\Omega(k+1)} \times e_{\Omega(|\Omega|),j} \right) \geqslant 1, \forall p_i, p_j \in P \cup \{p_0\}$$

$$\tag{5.7}$$

式中，当 $i \neq j$ 时，$p_i \neq p_j$，且 p_0 为基站。

约束 (5.3) 和约束 (5.6) 表明每个传感器节点至少被一个充电板覆盖 [定义 5.4 中的条件 (1)]。约束 (5.4) 和约束 (5.5) 规定每个充电板至少可以连接到另一个充电板。约束 (5.7) 意味着任意两个传感器节点之间至少存在一条可行性路径。

下面的小节中将考虑一个简化的充电板部署问题，该问题只考虑在传感器节点的位置上部署充电板。由于假设的充电板形成了一个连通的网络，因

此总是存在一个简化的充电板部署问题的解决方案。其中，MSC（Minimum Set Cover）方案、TNC（Tree Node Coloring）方案和GNC（Graph Node Coloring）方案用于解决简化的充电板部署问题，而DC（Disk Cover）方案通过将充电板放置在指定位置（可以是部署区域内的传感器节点，也可以不是）进行工作。

充电板部署问题本质上允许将充电板部署在感测区域的任意位置。在本章中，MSC、TNC和GNC仅仅使用传感器节点的位置作为充电板的潜在部署位置。简化的充电板部署问题类似于几何连通支配集[102]，是一个NP完全问题。这意味着，本章中考虑要解决的充电板部署问题都是NP完全问题。因此，考虑设计相应的启发式算法来解决充电板部署问题。由于在本章仿真系统所采用的模型中，假设大量的传感器节点均匀且分散分布在感测区域，因此，传感器的位置也是适合部署充电板的潜在位置。

5.2.2　MSC方案

MSC方案修改了最小集合覆盖技术来解决简化后的充电部署问题。最小集合覆盖问题本质上是一个二分图问题：让一个二分图 $H=(A, B, E)$ 包含两个不相交的节点集合 A 和集合 B。边集合 E 中每条边 (u, v) 两端的节点 u 和 v 分别属于集合 A 和集合 B。此时，就说节点 u 覆盖节点 v。假设，对于集合 B 中的每一个节点 v，在集合 A 中至少存在某个点 u 覆盖它。集合覆盖问题就是找一个集合 A 中的最小子集 C，使集合 B 中的每个节点至少被集合 C 中的一个节点覆盖。尽管如此，简化的充电板部署问题不同于传统的集合覆盖问题。简化的充电板部署问题选择了集合 A 的一个最小子集，使得集合 B 中的每个节点都被集合 C 中的一个节点覆盖［满足条件 (1)］，并且所选择的子集 C 中的每个节点都应该是相互连接的［满足条件 (2)］。由于集合覆盖问题是NP难问题[103, 104]，因此简化后的充电板部署问题也是NP难问题。

MSC算法的思路如下：首先，根据贪心算法的思想，从集合 A 中选择一个覆盖集合 B 中最多节点的节点加入集合 C（初始为空集）中；接着，从集合 A 中移除这个节点，并从集合 B 中移除被这个节点覆盖的节点；然后，再从集合 A 中选取另一个节点，该节点与集合 C 中某个节点有两跳连接并

且覆盖集中 B 中的节点数最多。重复上述步骤直到集合 B 中所有节点被覆盖。算法 5.1 描述了上述细节。

算法 5.1 MSC 算法

输入：$G=(V, E_G)$ 和 $V=\{s_1, s_2, \cdots, s_N\}$，其中当 $d(s_i, s_j) \leqslant D_{dmax}/2$ 时，存在一条边 $(s_i, s_j) \in E_G$。

输出：集合 C，集合 C 包含的节点位置将用于部署充电板。

步骤 1：令节点集合 $A=V$，节点集合 $B=V$，并且节点集合 $C=\varnothing$。

步骤 2：构造一个二分图 $H=(A, B, E_H)$，如果集合 A 中的 s_i 和集合 B 中的 s_j 在图 G 中彼此相邻 [即 $d(s_i, s_j) \leqslant D_{dmax}/2$]，则在这两个点之间连一条边，并置入 E_H 中。

步骤 3：计算二分图 $H=(A, B, E_H)$ 中的集合 A 的每个节点 v 邻近节点集 $N(v)$，其中 $N(v)$ 表示在 H 中与 v 相邻的 B 中的节点集合。

步骤 4：选择 $|N(s_i)|$ 值最大的节点 s_i 到集合 C 中，即 $C \leftarrow s_i$，从集合 A 中移除节点 s_i 并且从集合 B 中移除被 s_i 覆盖的节点，即

$$A = A / \{s_i\}$$

$$B = B / \{s_i\}$$

$$B = B / N(v)$$

步骤 5：更新二分图 $H=(A, B, E_H)$ 中集合 A 的每个节点 v 的 $N(v)$，从集合 A 中选择另一个节点 s_i 到 C 中，该节点与集合 C 中某个节点有两跳连接并且覆盖集合 B 中的节点最多，即 $C \leftarrow s_i$。然后从集合 A 中移除节点 s_i，并且从集合 B 中移除被 s_i 覆盖的节点，即

$$A = A / \{s_i\}$$

$$B = B / \{s_i\}$$

$$B = B / N(v)$$

步骤 6：重复步骤 5，直到 $B=\varnothing$。

步骤 7：输出集合 C。

显然，算法 5.1 中的步骤 4 确保满足定义 5.4 中的条件（1）。由于集合 C 中每个节点 $p_i(s_i)$ 与集合 C 中的另一个节点 $p_j(s_j)$ 相连接，两个节点 p_i 与 p_j 之间存在一条路径 $p_i \rightarrow s_K \rightarrow p_j$。由于 $d(p_i, s_K) \leqslant D_{\mathrm{dmax}}/2$ 和 $d(s_K, p_j) \leqslant D_{\mathrm{dmax}}/2$，$d(s_i, s_j) \leqslant d(s_i, s_K)+d(s_K, s_j) \leqslant D_{\mathrm{dmax}}$，定义 5.4 中的条件（2）也得到满足。因此，根据定理 5.1，算法 5.1 可以为简化的充电板部署问题获得了一个可行性的解决方案。

MSC 方案的复杂度分析如下：令 N 表示传感器节点的数量；步骤 1 花费 O（1）时间来初始化节点集合；步骤 2 花费 $O(N^2)$ 时间来创建一个二分图；步骤 3 花费 $O(N^2)$ 时间来计算每个传感器节点的邻近节点集；步骤 4 和步骤 5 花费 $O(N)$ 时间来选择部署充电板的位置；MSC 重复步骤 4 和步骤 5 最多用了 $O(N)$ 时间。总之，算法 5.1 计算的总时间复杂度为 $O(N^2)$。

5.2.3　TNC 方案

本小节将介绍用 TNC 方案来解决简化的充电板部署问题。为了获得近似最优解，TNC 方案结合最大度选择和节点着色技术来获得相应的生成树。

当一个节点的位置既没有被覆盖也没有被选为充电板部署点，该节点是白色的；灰色的节点表示该节点已经被某个充电板覆盖；而黑色的节点表示该节点已经被选为一个充电板。接着，定义 5.5 帮助理解本小节所描述的算法。

定义 5.5　给定一个灰色或白色节点 v，节点 v 的白色邻近节点集合用 $NW(v)=\{\forall u|u$ 着白色，$u \in N(v)\}$ 来表示。

方案的设计思路就是贪婪地在每一步选取拥有最大 $|NW(v)|$ 的灰色节点，直到图中没有任何白色节点为止。初始，集合 V 中所有节点都为白色，生成树集 $T=\phi$。步骤 1 计算所有节点的 $NW(v)$，将拥有最大 $|NW(v)|$ 的节点 v 着为黑色，其邻近节点着为灰色，然后将节点 v 作为生成树 T 的根节点，同时把它的邻近节点加入 T 中；步骤 2 计算灰色节点的 $NW(v)$ 集中每一个节点 x 的 $NW(x)$，将拥有最大 $|NW(v)|$ 的节点 x 着为黑色，其邻近节点着为灰色，并将节点 x 及 x 的灰色节点加入 T 中；一直重复步骤 2，直到 V 中没有白色节点。算法 5.2 描述了上述细节。

算法 5.2　TNC 算法

输入：　$G=(V, E)$ 和 $V=\{s_1, s_2, \cdots, s_N\}$，当 $d(s_i, s_j) \leqslant D_{dmax}/2$ 时，$(s_i, s_j) \in E$，一棵树 $T=\varnothing$。

输出：　一个黑色的节点集 C。

步骤 1：计算 V 集合中每个节点 v 的 $NW(v)$。

　　　　　　选择最大 $|NW(v)|$ 值的节点。

　　　　　　v 的颜色着为黑色。

　　　　　　$T \leftarrow v$。

　　　　　　对于 $NW(v)$ 中每个节点 u:

　　　　　　　　u 的颜色着为灰色。

　　　　　　　　$T \leftarrow u$。

　　　　　　　　$root\_node = v$。

步骤 2：对于 $N(root\_node)$ 中每个灰色节点 u，对于 $NW(u)$ 中每个节点 x，计算 V 中每个白色节点 x 的 $NW(x)$。选择最大 $|NW(x)|$ 值的节点 x。

　　　　　　$NW(v) = NW(v)/\{u\}$。

　　　　　　x 的颜色着为黑色。

　　　　　　$T \leftarrow x$。

　　　　　　对于 $NW(x)$ 中每个节点 y:

　　　　　　　　y 的颜色着为灰色。

　　　　　　　　$T \leftarrow y$。

　　　　　　　　$root\_node = v$。

步骤 3：重复步骤 2，直到集合 V 中没有白色节点。

步骤 4：输入 T 中全为黑色节点。

TNC 算法的复杂度分析如下：步骤 1 花费 $O(N^2)$ 时间来计算每个节点的邻近节点；步骤 2 花费 $O(N^3)$ 时间来选择充电板的部署位置；TNC 重复步骤 2 到步骤 3 最多用 $O(N)$ 时间。总之，TNC 算法总花费 $O(N^4)$ 时间。

5.2.4 GNC 方案

本小节采用 GNC 方案，该方案将最大度选择的概念与 5.2.3 节中所提的节点着色技术相结合来解决简化后的充电板部署问题。GNC 方案的选址过程不同于 TNC。

GNC 中节点的颜色表示与 TNC 相同。GNC 在每一步贪婪地选择一个能够为大多数白色节点上色的节点，直到图中没有更多的白色节点。然而，为了更有效地找到合适的节点，GNC 扩大了节点的选择范围。它通过比较每个白色节点的 $|NW(v)|$ 值来选择一个节点的坐标作为一个充电板的部署坐标，并且该点与任何充电板的距离介于 $D_{dmax}/2$ ~ D_{dmax}。

GNC 方案最初创建两个不同且独立连接的图 G_1 和 G_2，其中 G_1 是在定义 5.4 中条件（1）的基础上创建的，G_2 是在定义 5.4 中条件（2）的基础上创建的。也就是说，当 $d(s_i, s_j) \leqslant D_{dmax}/2$ 时，V_1 中的 s_i 和 s_j 之间有一条边；当 $D_{dmax}/2 \leqslant d(s_i, s_j) \leqslant D_{dmax}$ 时，V_2 中的 s_i 和 s_j 之间有一条边。

最开始，两个图中的所有的节点颜色都为白色。首先，GNC 计算图 G_1 中每个节点 v 的 $NW(v)$ 和 G_2 中每个节点 v 的 $N(v)$。其中 $N(v)$ 表示 V_2 中的一个白色节点集，该节点集中的节点在 G_2 中都与节点 v 相邻。在 G_1 中选择 $|NW(v)|$ 值最大的节点 v，将节点 v 着成黑色，$NW(v)$ 中每个节点 u 着成灰色。接着，在 G_2 对相应的节点采用相同的着色操作后，将节点 v 加入集合 C 中。然后，对于 G_2 中的某个 $v \in C$ 的节点的 $N(v)$ 的每个白色节点 u，计算 G_1 中的 $NW(u)$。选择一个 $|NW(x)|$ 值最大的节点 x，在 G_1 和 G_2 中，将节点 x 着成黑色，$NW(x)$ 中的每个节点 y 着成灰色，同时将 x 加入集合 C 中。重复上述步骤，直到 G_1 中没有白色节点。算法 5.3 描述了上述细节。

算法 5.3　GNC 算法

输入：一个传感器节点集 $V=\{s_1, s_2, \cdots, s_N\}$ 及一个空的节点集 C。

输出：黑色节点（即集合 C）。

步骤 1：对于 V_1 中的节点 s_i 和 s_j，当 $d(s_i, s_j) \leqslant D_{dmax}/2$ 时，在这两个节点之间连一条边，从而构建一个图 $G_1=(V_1, E_1)$；对于 V_2 中的节点 s_i 和

s_j，当 $D_{\mathrm{dmax}}/2 \leqslant d(s_i, s_j) \leqslant D_{\mathrm{dmax}}$ 时，在这两个节点之间连一条边，从而构建一个图 $G_2=(V_2, E_2)$。

步骤 2：对于 G_1 的节点集 V_1 的每一个白色节点 v，计算 $NW(v)$；对于 G_2 中节点集 V_2 的每一个未着色节点 v，计算 $N(v)$。

在 G_2 中选择一个在 G_1 中具有最大 $|NW(v)|$ 值的白色节点 v。

将节点 v 的颜色着为黑色。

$C \leftarrow v$。

对 $NW(v)$ 中的每个节点 u，令 u 的颜色着为灰色。

步骤 3：对于集合 C 中每个节点 v，对于 G_2 中位于 $N(v)$ 内的每个白色节点 x，计算 G_1 中每个节点 x，计算 $NW(x)$。

选择具有最大 $|NW(x)|$ 值的节点 x。

令 x 的颜色着为黑色。

$C \leftarrow x$。

对于 $NW(x)$ 中每个节点 y，令 y 的颜色着为灰色。

步骤 4：重复步骤 3，直到 G_1 没有白色节点。

步骤 5：输出黑色节点（即集合 C）。

算法 5.3 在 G_2 中选择 $N(v)$ 的一个节点 $v(v \in C)$ 作为充电板的部署点，这样可以确保由算法 5.3 获得的充电板部署点是连接的（即每个充电板至少到另一个充电板的距离在 $D_{\mathrm{dmax}}/2 \sim D_{\mathrm{dmax}}$ 之间）。由于执行算法 5.3 后，所有节点都着成灰色或黑色，因此充电板覆盖了所有的节点。

在 GNC 算法中，步骤 1 花费 $O(N^2)$ 时间来构建两个不同的图；步骤 2 最多花费 $O(N)$ 时间来定位第一个充电板的位置；步骤 3 花费 $O(N^2)$ 时间来定位剩余的充电板；GNC 最多花费 $O(N)$ 时间来重复步骤 3，直到所有节点被着色。总之，算法 GNC 的复杂度为 $O(N^3)$。

5.2.5　案例分析

本节将通过一个包含 16 个节点的网络图（图 5.3）来介绍 MSC、TNC

和 GNC 方案的基本思想。在图 5.3 中，在节点的旁边标上节点编号，当两个节点之间的距离小于或等于 $D_{\text{dmax}}/2$ 时，这两个节点之间有一条实线连接。算法 MSC、TNC 和 GNC 的执行过程如图 5.4 ~ 图 5.6 所示。MSC、TNC 和 GNC 得到的节点集分别是 {1, 4, 5, 7, 12}、{2, 7, 9, 12} 和 {2, 7, 9, 12}。

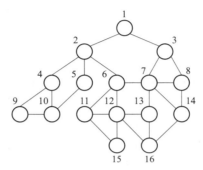

图 5.3 一个给定的网络图

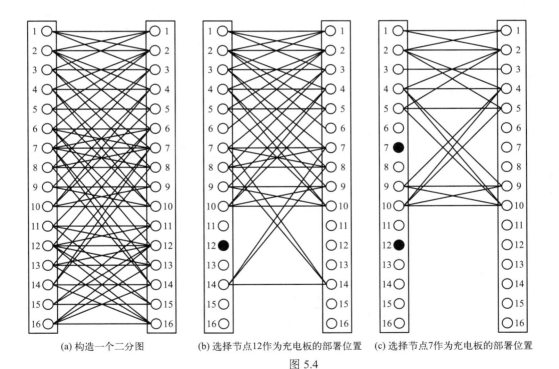

(a) 构造一个二分图　　(b) 选择节点12作为充电板的部署位置　　(c) 选择节点7作为充电板的部署位置

图 5.4

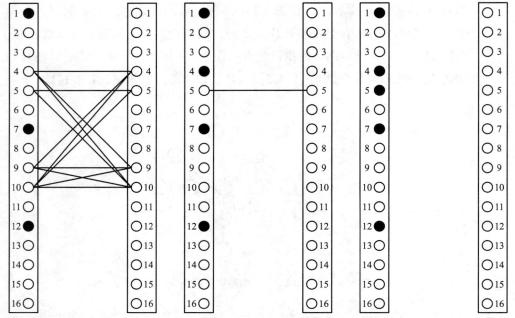

(d) 选择节点1作为充电板的部署位置　(e) 选择节点4作为充电板的部署位置　(f) 选择节点5作为充电板的部署位置

图 5.4　采用 MSC 方案的步骤

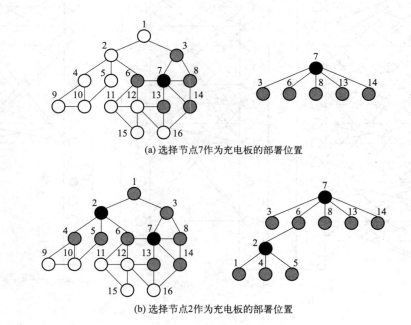

(a) 选择节点7作为充电板的部署位置

(b) 选择节点2作为充电板的部署位置

　无线可充电传感网中的充电调度技术

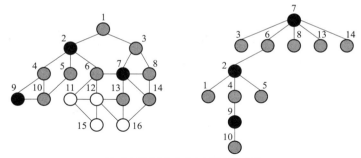

(c) 选择节点9作为充电板的部署位置

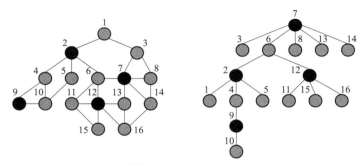

(d) 选择节点12作为充电板的部署位置

图 5.5　采用 TNC 方案的步骤

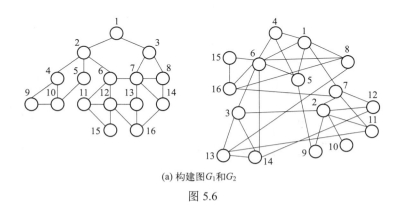

(a) 构建图G_1和G_2

图 5.6

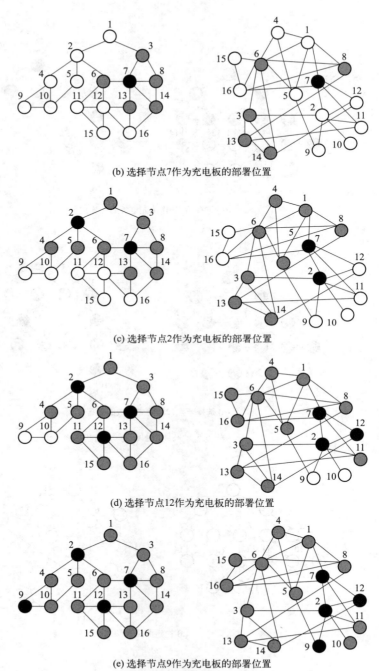

(b) 选择节点7作为充电板的部署位置

(c) 选择节点2作为充电板的部署位置

(d) 选择节点12作为充电板的部署位置

(e) 选择节点9作为充电板的部署位置

图 5.6 采用 GNC 方案的步骤

5.2.6 DC 方案

DC 方案解决充电板的部署问题的思路完全不同于前面的三个方案。在一个随机部署传感器节点的感测区域中，DC 方案最初放置充电板覆盖住整个矩形区域。然后，再移除多余的充电板。在此过程中，DC 方案不仅要覆盖整个感测区域，还要确保至少有一条可用的无人机飞行路径能从基站连接到每个传感器节点。也就是说，DC 方案确保构建的飞行图 $G=(V, E)$ 是连通的。若 $V=\{$ 基站 $(p_0, p_1, p_2, \cdots, p_K)$，$p_i \in V$，$p_j \in V$ 并且 $d(p_i, p_j) \leqslant D_{\text{dmax}}$，则 $(p_i, p_j) \in E$。

例如，在图 5.7 中，为了覆盖这个矩形，DC 方案中放置充电板的位置用红色的点表示，而蓝色的圆表示无人机从充电板出发的飞行范围。定理 5.2 给出了 DC 方案为一个给定的矩形感测区域部署所需充电板数量的上限值计算公式。

定理 5.2 若一个矩形区域的边长分别为 l 和 m，则所需充电板数量的上限值为 $\left\lceil \dfrac{2l}{\sqrt{2}D_{\text{dmax}}} \right\rceil \left\lceil \dfrac{2m}{\sqrt{2}D_{\text{dmax}}} \right\rceil$。

证明： 如图 5.7 所示，该区域是用边长为 $\dfrac{\sqrt{2}D_{\text{dmax}}}{2}$ 的矩形有规则地覆盖。为了完全覆盖这个矩形区域，所需充电板的数量最多为 $\left\lceil \dfrac{2l}{\sqrt{2}D_{\text{dmax}}} \right\rceil \left\lceil \dfrac{2m}{\sqrt{2}D_{\text{dmax}}} \right\rceil$。

由于传感器节点是随机部署的，因此可能存在部分区域没有部署到传感器节点。如果有一个圆 P 在被移除后，每个传感器节点仍然可以被至少一个其他圆覆盖，并且得到的飞行图仍然是连通的，则圆 P 是冗余的。在 DC 方案中，需要移除这些冗余的充电板。

在图 5.8 中，黑色的点表示传感器节点。图 5.8（a）表示传感器 1 由圆 A 和圆 C 覆盖；传感器 2 由圆 A 和圆 D 覆盖；传感器 3 由圆 B 和圆 E 覆盖；传感器 4 由圆 B 和圆 F 覆盖。因此，圆 A 和圆 B 是冗余的，这意味着充电板 A 和 B 能够被移除，如图 5.8（b）所示。

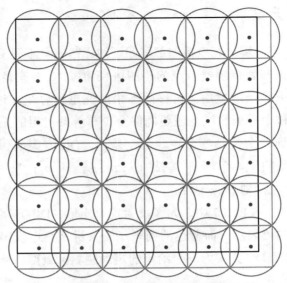

图 5.7　利用 DC 方案有规则地部署充电板

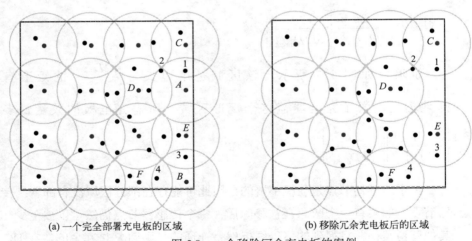

(a) 一个完全部署充电板的区域 　　　　　　　　(b) 移除冗余充电板后的区域

图 5.8　一个移除冗余充电板的案例

5.2.7　DC 方案的分析

　　为了评估所需的充电板数量，本节系统地说明了在 DC 方案中移除冗余充电板的概率。下面的理论结果能够计算 DC 方案中部署的充电板的期望值，这也是所提的其他启发式算法的参考准则。

定义 5.6 给定一个矩形 R、一组传感器节点 $S=\{s_1, s_2, \cdots, s_N\}$ 和部署在 R 中的充电板集 $P=\{p_1, p_2, \cdots, p_m\}$。假设一个充电板 p 是冗余的，则 $P\text{-}\{p\}$ 满足下面两个条件。

条件（1）： 对于 S 中的每一个节点 s_i，在 $P\text{-}\{p\}$ 中存在至少一个充电板，使得 $d(s_i, p_j) \leqslant D_{\text{dmax}}/2$。

条件（2）： 构建好的图 $G=(V, E)$ 是连通的，其中 $V=\{$ 基站 $\} \cup P\text{-}\{p\}$，$(p_i, p_j) \in E$，当且仅当 $p_i \in V$，$p_j \in V$ 时，$d(p_i, p_j) \leqslant D_{\text{dmax}}$。

根据覆盖的边界效应，矩形区域被分为 9 个子区域，即 $A_1, A_2, \cdots, A_9$，如图 5.9 所示。

令 E_i 表示子区域 $A_i(1 \leqslant i \leqslant 9)$ 中一个特殊的充电板 p 这一事件是必需的。每个圆盘的白色区域在相同的子区域覆盖面积相同。同时，当有一个节点落在子区域 A_i 的一个特殊的圆盘的白色区域时，在白色区域需要部署一个充电板 p；否则，没有充电板覆盖这个传感器节点。

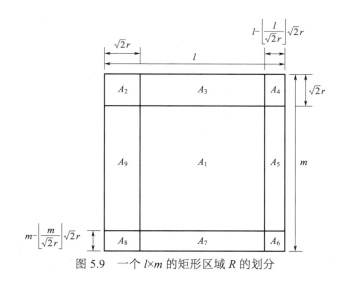

图 5.9 一个 $l \times m$ 的矩形区域 R 的划分

在下面的理论和推论中，μ_i 表示初始部署在 A_i 中的充电板数量。其中：

$$\mu_1 = \left(\left\lceil \frac{2l}{\sqrt{2}D_{\text{dmax}}} \right\rceil - 2\right) \times \left(\left\lceil \frac{2m}{\sqrt{2}D_{\text{dmax}}} \right\rceil - 2\right)$$

$$\mu_2=1$$

$$\mu_3=\left\lceil\frac{2l}{\sqrt{2}D_{\text{dmax}}}\right\rceil-2$$

$$\mu_4=1$$

$$\mu_5=\left\lceil\frac{2m}{\sqrt{2}D_{\text{dmax}}}\right\rceil-2$$

$$\mu_6=1$$

$$\mu_7=\left\lceil\frac{2l}{\sqrt{2}D_{\text{dmax}}}\right\rceil-2$$

$$\mu_8=1$$

$$\mu_9=\left\lceil\frac{2m}{\sqrt{2}D_{\text{dmax}}}\right\rceil-2$$

定理 5.3 给定一个 $l\times m$ 的矩形区域及 N 个随机部署的传感器节点 $S=\{s_1,s_2,\cdots,s_N\}$ 及采用 DC 方案部署的一组充电板 $P=\{p_1,p_2,\cdots,p_K\}$，则

$$P_r(X\geqslant1)=\left[\sum_{j=1}^{9}\mu_j\left(1-\frac{\phi_i}{lm}\right)\right]^N \tag{5.8}$$

$$P_r(X\geqslant2)=\left(\sum_{\substack{p_\alpha\in A_i,p_\beta\in A_j,\alpha\neq\beta\\d(p_\alpha,p_\beta)=\sqrt{2}r}}1-\frac{\phi_i+\phi_j+\phi_{ij}}{lm}\right)^N+\left(\sum_{\substack{p_\alpha\in A_i,p_\beta\in A_j,\alpha\neq\beta\\d(p_\alpha,p_\beta)>\sqrt{2}r}}1-\frac{\phi_i+\phi_j}{lm}\right)^N \tag{5.9}$$

$$P_r(X\geqslant3)=\left(\sum_{\substack{p_\alpha\in A_i,p_\beta\in A_j,p_\gamma\in A_k,\alpha\neq\beta\neq\gamma\\d(p_\alpha,p_\beta)=\sqrt{2}r,d(p_\alpha,p_\gamma)=\sqrt{2}r}}1-\frac{\phi_i+\phi_j+\phi_k+\phi_{ij}+\phi_{ik}}{lm}\right)^N$$

$$+\left(\sum_{\substack{p_\alpha\in A_i,p_\beta\in A_j,p_\gamma\in A_k,\alpha\neq\beta\neq\gamma\\d(p_\alpha,p_\beta)=\sqrt{2}r,d(p_\alpha,p_\gamma)>\sqrt{2}r,\\d(p_\beta,p_\gamma)>\sqrt{2}r}}1-\frac{\phi_i+\phi_j+\phi_{ij}+\phi_k}{lm}\right)^N$$

$$+\left(\sum_{\substack{p_\alpha\in A_i,\,p_\beta\in A_j,\,p_\gamma\in A_k,\,\alpha\neq\beta\neq\gamma\\ d(p_\alpha,p_\beta)>\sqrt{2}r,d(p_\alpha,p_\gamma)>\sqrt{2}r,\\ d(p_\beta,p_\gamma)>\sqrt{2}r}}1-\frac{\phi_i+\phi_j+\phi_k}{lm}\right)^N$$

$$-\left(\sum_{\substack{p_\alpha\in A_i,\,p_\beta\in A_j,\,p_\gamma\in A_k,\,\alpha\neq\beta\neq\gamma\\ p_\alpha,p_\beta,p_\gamma\text{为四种特殊情况之一。}}}1-\frac{\phi_i+\phi_j+\phi_k}{lm}\right)^N \tag{5.10}$$

这里 X 表示冗余充电板的数量，r 等于 $D_{\text{dmax}}/2$，ϕ_i 表示在子区域 A_i（$1\leqslant i\leqslant 9$）中一个圆盘的白色区域的大小。同样地，ϕ_{ij} 表示在子区域 A_i 和 A_j（$i\neq j$）中两个邻接圆盘的公共覆盖面积的大小（图 5.10）。$P_r(E_i)$ 表示在子区域 A_i（$1\leqslant i\leqslant 9$）中投放一个特别的充电板 p（不是冗余充电板）这一事件的概率。

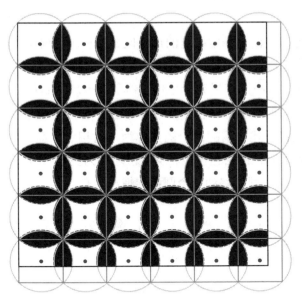

图 5.10　采用 DC 方案有规律地部署充电板

证明：根据定义，有

$$P_r(E_i)=\frac{\phi_i}{lm},\quad P_r(\overline{E_i})=1-\frac{\phi_i}{lm}$$

投放 N 个传感器节点在一个 $l \times m$ 的矩形区域，冗余的充电板的数量（$X=0, 1, 2, 3$）事件发生的概率如下：

① $P_r(X \geqslant 1) = \left[\sum_{j=1}^{9} \mu_j P_r(\overline{E_j})\right]^N = \left[\sum_{j=1}^{9} \mu_j \left(1 - \frac{\phi_j}{lm}\right)\right]^N$

由于阻止一个特别的圆盘的白色区域被投放任何一个传感器节点，因此容易得到至少一个冗余充电板。即使有一个传感器节点被随机部署在一个特别圆盘内（除去白色区域），该圆盘仍然可以被移除，因为它已经被另一个相邻的圆盘覆盖。

② 同样地，有

$$P_r(X \geqslant 2) = \left(\sum_{\substack{p_\alpha \in A_i, p_\beta \in A_j, \alpha \neq \beta \\ d(p_\alpha, p_\beta) = \sqrt{2}r}} 1 - \frac{\phi_i + \phi_j + \phi_{ij}}{lm}\right)^N + \left(\sum_{\substack{p_\alpha \in A_i, p_\beta \in A_j, \alpha \neq \beta \\ d(p_\alpha, p_\beta) > \sqrt{2}r}} 1 - \frac{\phi_i + \phi_j}{lm}\right)^N$$

为阻止两个特定圆盘的白色区域被投放任何一个传感器节点，需同时移除两个圆盘。然而，在 DC 方案中，所选择的两个圆盘边挨着边部署（即它们的距离为 $\sqrt{r}$）。如果有一个传感器节点投放在它们的相交区域，这两个圆盘就不能同时被移除；否则，该传感器将不会被任意一个圆盘覆盖。接下来的描述就将上述说明的两个圆盘称为一对相邻圆盘。为了移除一对相邻圆盘，需要确保它们的白色区域和交叉区域都为空集（即没有部署传感器节点）。

③ 对于同时移动三个圆盘的情况，有

$$P_r(X \geqslant 3) = \left(\sum_{\substack{p_\alpha \in A_i, p_\beta \in A_j, p_\gamma \in A_k, \alpha \neq \beta \neq \gamma \\ d(p_\alpha, p_\beta) = \sqrt{2}r, d(p_\alpha, p_\gamma) = \sqrt{2}r}} 1 - \frac{\phi_i + \phi_j + \phi_k + \phi_{ij} + \phi_{ik}}{lm}\right)^N$$

$$+ \left(\sum_{\substack{p_\alpha \in A_i, p_\beta \in A_j, p_\gamma \in A_k, \alpha \neq \beta \neq \gamma \\ d(p_\alpha, p_\beta) = \sqrt{2}r, d(p_\alpha, p_\gamma) > \sqrt{2}r, \\ d(p_\beta, p_\gamma) > \sqrt{2}r}} 1 - \frac{\phi_i + \phi_j + \phi_{ij} + \phi_k}{lm}\right)^N$$

$$+ \left(\sum_{\substack{p_\alpha \in A_i, p_\beta \in A_j, p_\gamma \in A_k, \alpha \neq \beta \neq \gamma \\ d(p_\alpha, p_\beta) > \sqrt{2}r, d(p_\alpha, p_\gamma) > \sqrt{2}r, \\ d(p_\beta, p_\gamma) > \sqrt{2}r}} 1 - \frac{\phi_i + \phi_j + \phi_k}{lm}\right)^N$$

$$-\left(\sum_{\substack{p_\alpha \in A_i, p_\beta \in A_j, p_\gamma \in A_k, \alpha \neq \beta \neq \gamma \\ p_\alpha, p_\beta, p_\gamma \text{ 为四种特殊情况之一。}}} 1 - \frac{\phi_i + \phi_j + \phi_k}{lm}\right)^N$$

三个圆盘 A、B 和 C 可能存在三种情况：① $\{A, B\}$ 和 $\{B, C\}$ 是两对邻接圆盘；② $\{A, B, C\}$ 中只有两个形成一对相邻圆盘；③ $\{A, B, C\}$ 中任意两个圆盘不是一对相邻圆盘，这样需要保持两个圆盘的白色区域和相交区域是空的。根据这三种情况，可以得到相应的概率。然而，当试图同时移走三个圆盘时，存在四种特殊情况，如图 5.11 所示。尽管没有任何一个节点存在这些特殊情况的区域中，但还需要保留一个圆盘来确保飞行网络的连通性。

图 5.11 四种特殊情况

由 $P_r(X=0)=1-P_r(X \geqslant 1)$，$P_r(X=1)=P_r(X \geqslant 1)-P_r(X \geqslant 2)$，$P_r(X=2)=P_r(X \geqslant 2)-P_r(X \geqslant 3)$，可以得到定理 5.4。

定理 5.4 给定一个 $l \times m$ 的矩形区域及 N 个随机部署的传感器节点

$S=\{s_1, s_2, \cdots, s_N\}$ 及采用 DC 方案部署的一组充电板 $P=\{p_1, p_2, \cdots, p_K\}$，则

$$P_r(X=0) = 1 - \left[\sum_{j=1}^{9} \mu_j \left(1 - \frac{\phi_i}{lm}\right)\right]^N \tag{5.11}$$

$$P_r(X=1) = \left[\sum_{j=1}^{9} \mu_j \left(1 - \frac{\phi_i}{lm}\right)\right]^N - \left(\sum_{\substack{p_\alpha \in A_i, p_\beta \in A_j, \alpha \neq \beta \\ d(p_\alpha, p_\beta) = \sqrt{2}r}} 1 - \frac{\phi_i + \phi_j + \phi_{ij}}{lm}\right)^N$$

$$- \left(\sum_{\substack{p_\alpha \in A_i, p_\beta \in A_j, \alpha \neq \beta \\ d(p_\alpha, p_\beta) > \sqrt{2}r}} 1 - \frac{\phi_i + \phi_j}{lm}\right)^N \tag{5.12}$$

$$P_r(X=2) = \left(\sum_{\substack{p_\alpha \in A_i, p_\beta \in A_j, \alpha \neq \beta \\ d(p_\alpha, p_\beta) = \sqrt{2}r}} 1 - \frac{\phi_i + \phi_j + \phi_{ij}}{lm}\right)^N$$

$$+ \left(\sum_{\substack{p_\alpha \in A_i, p_\beta \in A_j, \alpha \neq \beta \\ d(p_\alpha, p_\beta) > \sqrt{2}r}} 1 - \frac{\phi_i + \phi_j}{lm}\right)^N$$

$$- \left(\sum_{\substack{p_\alpha \in A_i, p_\beta \in A_j, p_\gamma \in A_k, \alpha \neq \beta \neq \gamma \\ d(p_\alpha, p_\beta) = \sqrt{2}r, d(p_\alpha, p_\gamma) = \sqrt{2}r}} 1 - \frac{\phi_i + \phi_j + \phi_k + \phi_{ij} + \phi_{ik}}{lm}\right)^N$$

$$- \left(\sum_{\substack{p_\alpha \in A_i, p_\beta \in A_j, p_\gamma \in A_k, \alpha \neq \beta \neq \gamma \\ d(p_\alpha, p_\beta) = \sqrt{2}r, d(p_\alpha, p_\gamma) > \sqrt{2}r, \\ d(p_\beta, p_\gamma) > \sqrt{2}r}} 1 - \frac{\phi_i + \phi_j + \phi_{ij} + \phi_k}{lm}\right)^N$$

$$- \left(\sum_{\substack{p_\alpha \in A_i, p_\beta \in A_j, p_\gamma \in A_k, \alpha \neq \beta \neq \gamma \\ d(p_\alpha, p_\beta) > \sqrt{2}r, d(p_\alpha, p_\gamma) > \sqrt{2}r, \\ d(p_\beta, p_\gamma) > \sqrt{2}r}} 1 - \frac{\phi_i + \phi_j + \phi_k}{lm}\right)^N$$

$$+ \left(\sum_{\substack{p_\alpha \in A_i, p_\beta \in A_j, p_\gamma \in A_k, \alpha \neq \beta \neq \gamma \\ p_\alpha, p_\beta, p_\gamma \text{为四种特殊情况之一。}}} 1 - \frac{\phi_i + \phi_j + \phi_k}{lm}\right)^N \tag{5.13}$$

接下来将计算定理 5.3 中 $\phi_1, \phi_2, \cdots, \phi_9$ 和 ϕ_{ij} 的值。$\phi_1, \phi_2, \cdots, \phi_9$（图 5.12）

的特殊情况的计算如下所示。

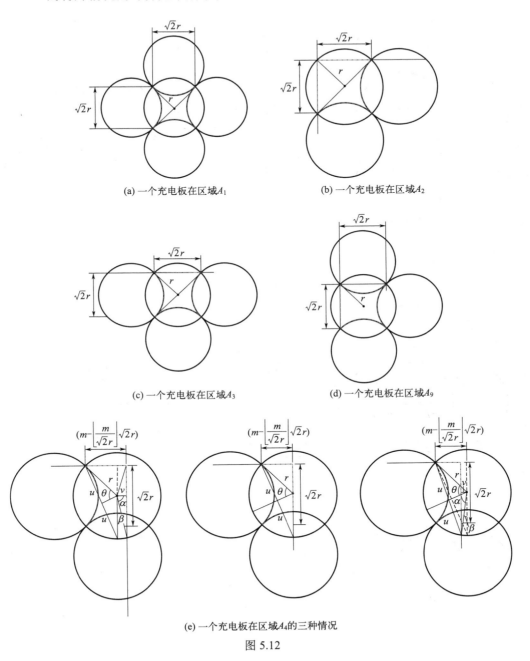

(a) 一个充电板在区域A_1

(b) 一个充电板在区域A_2

(c) 一个充电板在区域A_3

(d) 一个充电板在区域A_9

(e) 一个充电板在区域A_4的三种情况

图 5.12

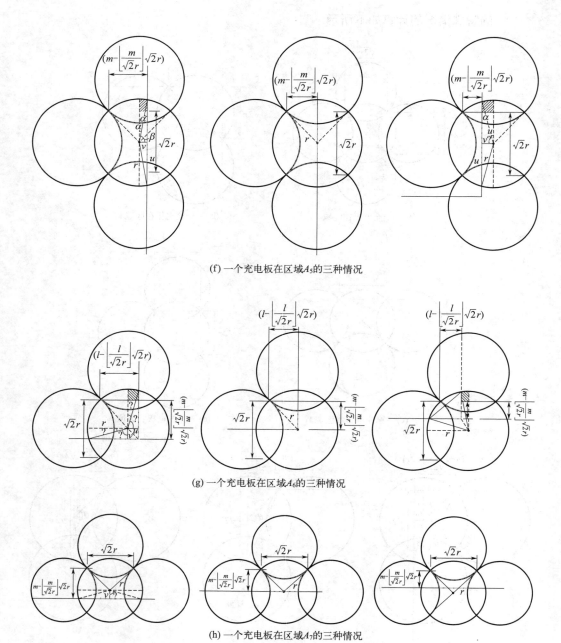

(f) 一个充电板在区域A_5的三种情况

(g) 一个充电板在区域A_6的三种情况

(h) 一个充电板在区域A_7的三种情况

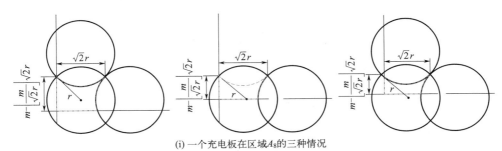

(i) 一个充电板在区域 A_8 的三种情况

图 5.12　无线充电板部署在不同区域

从图 5.12（a）～（d）中很容易就得到 ϕ_1、ϕ_2、ϕ_3 和 ϕ_9 的值，即

$$\phi_1 = 4r^2 - \pi r^2$$

$$\phi_2 = 3r^2 - \frac{\pi}{2}r^2$$

$$\phi_3 = \phi_9 = 3\frac{1}{2}r^2 - \frac{3\pi}{4}r^2$$

如图 5.12（e）～（i）所示，根据区域的边及最长飞行距离，有三种可能的情况。

情况（a）：圆心在区域内。

情况（b）：圆心在区域的边界上。

情况（c）：圆心在区域外。

令 ϕ_{4a}、ϕ_{4b} 和 ϕ_{4c} 分别表示情况（a）～（c）中的区域 A_4 中的白色范围，则

$$\phi_{4a} = \left(\theta + \frac{\beta}{2}\right)r^2 + \frac{1}{4}r^2 + \frac{\sqrt{2}}{2}vr + \frac{1}{2}vr\sin\alpha - \left(\alpha - \frac{1}{2}\tan\alpha\right)r^2 - \\ \left(v - \frac{\sqrt{2}}{2}r\tan\beta\right)^2\tan\alpha - \left(\frac{3\pi}{4}r^2 - \frac{3}{2}r^2\right) \tag{5.14}$$

当 $\theta = \arcsin\dfrac{u}{r}$ 时，有

$$u = \frac{\sqrt{\frac{1}{2}r^2 + (\sqrt{2}r + r)^2}}{2} = \frac{\sqrt{3.5 + 2\sqrt{2}}}{2}r$$

$$v = m - \left\lfloor \frac{m}{\sqrt{2}r} \right\rfloor \sqrt{2}r - \frac{\sqrt{2}}{2}r$$

$$\alpha = \arccos \frac{v}{r}$$

$$\beta = \frac{\pi}{2} - \alpha$$

显然:

$$\phi_{4b} = \theta r^2 + \frac{1}{4}r^2 - \left(\frac{3\pi}{4}r^2 - \frac{3}{2}r^2 \right) \tag{5.15}$$

当 $\theta = \arcsin \frac{u}{r}$ 时,有

$$u = \frac{\sqrt{\frac{1}{2}r^2 + (\sqrt{2}r + r)^2}}{2} = \frac{\sqrt{3.5 + 2\sqrt{2}}}{2}r$$

同样地,有

$$\phi_{4c} = \theta r^2 + \frac{1}{4}r^2 - \left(\frac{3\pi}{4}r^2 - \frac{3}{2}r^2 \right) - \frac{1}{2}vr\sin\alpha - \frac{\sqrt{2}}{2}vr - \frac{\beta}{2}r^2 + \\ \left(\alpha - \frac{1}{2}\tan\alpha \right)r^2 + \left(v - \frac{\sqrt{2}}{2}r\tan\beta \right)^2 \tan\alpha \tag{5.16}$$

当 $\theta = \arcsin \frac{u}{r}$ 时,有

$$u = \frac{\sqrt{\frac{1}{2}r^2 + (\sqrt{2}r + r)^2}}{2} = \frac{\sqrt{3.5 + 2\sqrt{2}}}{2}r$$

$$v = \frac{\sqrt{2}}{2}r - \left(m - \left\lfloor \frac{m}{\sqrt{2}r} \right\rfloor \sqrt{2}r \right)$$

$$\alpha = \arccos \frac{v}{r}$$

$$\beta = \frac{\pi}{2} - \alpha$$

当 $v=0$，式（5.14）简化为式（5.15）；当 $v<0$，式（5.14）近似为式（5.16）。因此，可以采用式（5.14）来计算所有情况中的 ϕ_4（即 ϕ_{4a}、ϕ_{4b} 和 ϕ_{4c}）。

同样地，ϕ_5 的计算过程 [图 5.12（f）] 类似于 ϕ_4 [图 5.12（e）]，即

$$\phi_5 = \frac{\pi}{2}r^2 + (\theta r^2 - vr\sin\theta) - \left[2\left(\alpha - \frac{1}{2}\tan\alpha \right)r^2 + \right.$$
$$\left. 2\left(v - \frac{\sqrt{2}}{2}r\tan\alpha \right)^2 \tan\theta + (\pi r^2 - 2r^2) \right] \tag{5.17}$$

当 $\theta = \arccos \frac{v}{r}$ 时，有

$$\alpha = \frac{\pi}{2} - \theta$$

$$v = m - \left\lfloor \frac{m}{\sqrt{2}r} \right\rfloor \sqrt{2}r - \frac{\sqrt{2}}{2}r$$

特别地，当 $v=0$ 时，式（5.17）就变成了情况（b）；当 $v<0$ 时，式（5.17）就变成了情况（c）。

ϕ_6 的值 [图 5.12（g）] 的计算如下所示。

$$\phi_6 = \frac{\pi}{4}r^2 + \frac{1}{2}u(r+v) + \frac{1}{2}v(r+u) + \frac{1}{2}(\alpha_1 + \alpha_2)r^2 - \left[\left(\frac{\pi}{2}r^2 - r^2 \right) + \right.$$
$$\left(\alpha_1 - \frac{1}{2}\tan\alpha_1 \right)r^2 + \left(v - \frac{\sqrt{2}}{2}r\tan\alpha_1 \right)^2 \tan\theta_1 + \left(\alpha_2 - \frac{1}{2}\tan\alpha_2 \right)r^2 + \tag{5.18}$$
$$\left. \left(v - \frac{\sqrt{2}}{2}r\tan\alpha_2 \right)^2 \tan\theta_2 \right]$$

式中，$v = m - \left\lfloor \dfrac{m}{\sqrt{2}r} \right\rfloor \sqrt{2}r - \dfrac{\sqrt{2}}{2}r$；$u = l - \left\lfloor \dfrac{l}{\sqrt{2}r} \right\rfloor \sqrt{2}r$；$\theta_1 = \arccos \dfrac{u}{r}$；

$\theta_2 = \arccos \dfrac{v}{r}$；$\alpha_1 = \dfrac{\pi}{2} - \theta_1$；$\alpha_2 = \dfrac{\pi}{2} - \theta_2$。

同样地，当 $v=0$、$u=0$ 时，式（5.18）就变成了情况（b）；当 $v<0$、$u<0$ 时，式（5.18）就变成了情况（c）。

进一步发现，ϕ_7 [图 5.12（h）] 的计算过程和 ϕ_5 [图 5.12（f）] 具有相似性，因此，ϕ_7 的计算过程等同于式（5.17）。类似地，ϕ_8 [图 5.12（i）] 的计算过程与 ϕ_4 [图 5.12（e）] 保持一致，归纳总结可以得到式（5.19）。

$$\phi_8 = \left(\theta + \frac{\beta}{2}\right)r^2 + \frac{1}{4}r^2 + \frac{\sqrt{2}}{2}vr + \frac{1}{2}vr\sin\alpha - \left(\alpha - \frac{1}{2}\tan\alpha\right)r^2 - $$
$$\left(v - \frac{\sqrt{2}}{2}r\tan\beta\right)^2 \tan\alpha - \left(\frac{3\pi}{4}r^2 - \frac{3}{2}r^2\right) \tag{5.19}$$

其中，ϕ_{ij} 表示子区域 A_i 和 A_j 中两个相邻圆的公共覆盖面积。关于 ϕ_{ij}（图 5.13）的特殊情况计算如下所示。

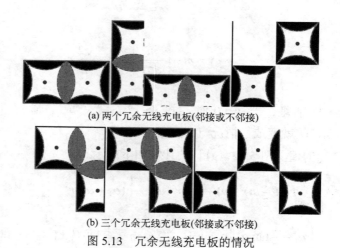

(a) 两个冗余无线充电板(邻接或不邻接)

(b) 三个冗余无线充电板(邻接或不邻接)

图 5.13　冗余无线充电板的情况

图 5.13（a）表明存在两个冗余充电板的一些情况。当 i 和 j 是一对邻接

圆盘时，第一种情况的 $\phi_{ij} = \dfrac{\pi}{2} r^2 - r^2$。在第二种和第三种情况中，有

$$\phi_{ij} = 2(\alpha - \frac{1}{2} \tan \alpha) r^2 + 2(v - \frac{\sqrt{2}}{2} r \tan \alpha)^2 \tan \theta + (\pi r^2 - 2r^2) \qquad (5.20)$$

式中，$\theta = \arccos \dfrac{v}{r}$；$\alpha = \dfrac{\pi}{2} - \theta$；$v = m - \left\lfloor \dfrac{m}{\sqrt{2}r} \right\rfloor \sqrt{2}r - \dfrac{\sqrt{2}}{2} r$。

在第四种情况中，$\phi_{ij} = 0$。

图 5.13（b）表明存在三个冗余充电板的一些情况。当 (i, j) 和 (j, k) 是两对邻接圆盘时，很容易就能推出在第一种情况中，$\phi_{ij} = \dfrac{\pi}{2} r^2 - r^2$，以及

$$\phi_{jk} = 2\left(\alpha - \frac{1}{2} \tan \alpha\right) r^2 + 2\left(v - \frac{\sqrt{2}}{2} r \tan \alpha\right)^2 \tan \theta + (\pi r^2 - 2r^2) \qquad (5.21)$$

在第二种情况中，$\phi_{ij} = \phi_{jk} = \dfrac{\pi}{2} r^2 - r^2$。最终，在第四种情况中，$\phi_{ij} = \phi_{jk} = 0$。注意，总的白色面积为 $\mu_1\phi_1 + \mu_2\phi_2 + \mu_3\phi_3 + \mu_4\phi_4 + \mu_5\phi_5 + \mu_6\phi_6 + \mu_7\phi_7 + \mu_8\phi_8 + \mu_9\phi_9$。

5.3
无人机的充电调度方案

5.3.1　SMHP 方案

本节将介绍在本章所提模型中一种新型的充电调度方案。在所提模型的基础上设计的算法被称为最短多跳路径（SMHP）算法。SMHP 算法在任意两个充电板和任意传感器的邻近充电板之间构建最短路径。因此，事先构建两张由迪克斯特拉最短路径算法[105]计算得到的静态路由表，一张用来存储任意两个传感器节点之间的最短路径和最短距离。

在这两张表的基础上，任意两个充电请求之间的路由路径都能被确定。

这里提出三种充电调度方案，其中两个是采用最早截止时间优先（EDF）或最近距离优先（NJNP）[106] 算法来处理的。第三种方案是采用最短飞行距离优先（SFF），类似于 NJNP，但它根据两个节点之间的最短飞行距离而不是欧几里得距离来处理节点的充电请求。在 SFF 方案中，具有最短飞行路径的节点优先得到充电服务。

算法 5.4 和算法 5.5 分别描述了路由表的构建过程和 SMHP 方案。

算法 5.4　构建路由表

输入：一个节点集 V、$N=|V|$、一个节点之间的距离矩阵 C 和最长飞行距离 D_{dmax}。

输出：一个路由表 Router 和一个节点之间的飞行距离表。

步骤 1：对于每一对节点 s_i 和 s_j（其中 $1 \leqslant i, j \leqslant N$, $i \neq j$），按以下内容进行处理。

① 若 s_i 和 s_j 的位置都被部署了一个充电板，则 s_i 和 s_j 之间的距离 $C(i, j) \leqslant D_{dmax}$，将 $C(i, j)$ 分配到 $D(i, j)$。

② 若节点 s_i 和 s_j 中有一个节点的位置被部署了充电板，则节点 s_i 和 s_j 之间的距离 $C(i, j) \leqslant D_{dmax}/2$，将 $C(i, j)$ 分配到 $D(i, j)$。

③ 否则，分配 ∞ 到 $D(i, j)$。

步骤 2：调用迪克斯特拉最短路径算法计算矩阵 D 中所有节点对的最短路径。

步骤 3：输出路由表和节点之间的飞行距离表。

注意，算法 5.4 构建的这个路由表 $D(i, j)$ 是两个充电板之间或者一个充电板和一个节点之间的路由，并非节点之间的路由。因为根据定义 5.4 中的条件（1）和条件（2）及定理 5.1，对于每个传感器节点，根据路由表 D (i, j)，在基站和这个节点之间总是存在一条飞行路径。算法 5.4 通过应用最短路径算法可以找到一条可行的飞行路径。在算法 5.4 中，步骤 1 构建一个初始的距离矩阵用 $O(N^2)$ 时间。步骤 2 用 $O(N^3)$ 时间更新距离矩阵。总之，算法 5.4 花费的时间复杂度为 $O(N^3)$。

算法 5.5　SMHP 算法

输入：采用其中一种方案（即 EDF、NJNP 或者 SFF）处理的充电请求 r、节点数 N、基站 v_0、一架无人机、路径 $\Pi=\varnothing$、r 路由表 Router、距离矩阵 $\boldsymbol{D}$。

输出：充电调度路径 Π。

步骤 1：设基站作为充电调度的起点，即 $\Pi=v_0$。

步骤 2：将 v 设为 v_0。

步骤 3：对于每个已经排好序的充电请求节点 $r(i)$，将按以下步骤进行处理。

　① 将 $r(i)$ 赋给 u；

　② 从路由表中找到一条从 v 到 u 的最短路径 C；

　③ 将 C 加到路径中，即 $\Pi \leftarrow \Pi \cup C$；

　④ 将 $\{u\}$ 加到 Π 中，即 $\Pi \leftarrow \Pi \cup \{u\}$；

　⑤ 将 v 赋为 u，即 $v \leftarrow u$。

步骤 4：将基站 v_0 赋给 u，按以下步骤进行处理。

　① 从路由表中找到一条从 v 到 u 的最短路径 C；

　② 将 C 加到路径中，即 $\Pi \leftarrow \Pi \cup C$；

　③ 将 $\{u\}$ 加到 Π 中，即 $\Pi \leftarrow \Pi \cup \{u\}$。

步骤 5：输出计算得到的路径 Π。

在算法 5.5 中步骤 1 和步骤 2 花费 $O(1)$ 时间；步骤 3 花费 $O(N)$ 时间去更新充电路径，步骤 4 花费 $O(1)$ 时间找到一条返回基站的最短路径。因此，算法 5.5 总花费 $O(N)$ 时间。

5.3.2　案例分析

为了更好地说明 5.3.1 节中的算法，本节基于图 5.3 的案例进行分析。假设 D_{dmax} 为 10km。节点之间的初始距离（包含基站）如表 5.1 所示。如果节点与充电板之间的距离是在 5km 的范围内，则节点和充电板之间的距离小于或等于 5km，否则为无穷大。同样地，如果充电板之间的距离小于或等于 10km，则它们之间的距离就是在 10km 以内，否则为无穷大。最短飞行距离和充电板的中转表如表 5.2 和表 5.3 所示。在表 5.3 可以找到两个节点之间的飞行路径。

如图 5.14（a）所示，假设有三个充电请求，分别是 s_8、s_{10} 和 s_{16}。通过调用算法 5.5，获得的充电调度为 s_6（基站）$\to s_{12} \to s_{16} \to s_{12} \to s_7 \to s_8 \to s_7 \to s_2 \to s_9 \to s_{10} \to s_6$（基站），如图 5.14（b）所示。

表 5.1　节点之间的初始距离

初始距离/km	1	2	3	4	5	6	7	8	9	10	11	12	13	14	15	16
1	0	5	∞	∞	∞	∞	∞	∞	∞	∞	∞	∞	∞	∞	∞	∞
2	5	0	∞	4	3	5	7	∞	8	∞	∞	7	∞	∞	∞	∞
3	∞	∞	0	∞	∞	∞	3	∞	∞	∞	∞	∞	∞	∞	∞	∞
4	∞	4	∞	0	∞	∞	∞	∞	5	∞	∞	∞	∞	∞	∞	∞
5	∞	3	∞	∞	0	∞	∞	∞	∞	∞	∞	∞	∞	∞	∞	∞
6	∞	5	∞	∞	∞	0	3	∞	∞	∞	∞	3	∞	∞	∞	∞
7	∞	7	3	∞	∞	3	0	3	∞	∞	∞	5	3	5	∞	∞
8	∞	∞	∞	∞	∞	∞	3	0	∞	∞	∞	∞	∞	∞	∞	∞
9	∞	8	∞	5	∞	∞	∞	∞	0	4	∞	∞	∞	∞	∞	∞
10	∞	∞	∞	∞	∞	∞	∞	∞	4	0	∞	∞	∞	∞	∞	∞
11	∞	∞	∞	∞	∞	∞	∞	∞	∞	∞	0	3	∞	∞	∞	∞
12	∞	7	∞	∞	∞	3	5	∞	∞	∞	3	0	3	∞	3	5
13	∞	∞	∞	∞	∞	∞	3	∞	∞	∞	∞	3	0	∞	∞	∞
14	∞	∞	∞	∞	∞	∞	5	∞	∞	∞	∞	∞	∞	0	∞	∞
15	∞	∞	∞	∞	∞	∞	∞	∞	∞	∞	∞	3	∞	∞	0	∞
16	∞	∞	∞	∞	∞	∞	∞	∞	∞	∞	∞	5	∞	∞	∞	0

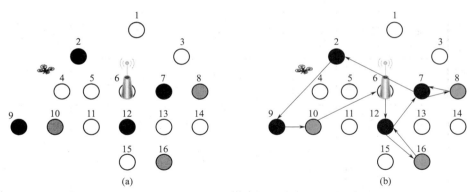

图 5.14　三个请电请求和调用 SMHP 得到的充电路径

表 5.2　节点之间的最短飞行距离

飞行距离 /km	1	2	3	4	5	6	7	8	9	10	11	12	13	14	15	16
1	0	5	15	9	8	10	12	15	13	17	15	12	15	17	15	17
2	5	0	10	4	3	5	7	10	8	14	10	7	10	12	10	12
3	15	10	0	14	13	15	3	6	18	22	11	8	6	8	11	13
4	9	4	14	0	7	9	12	14	5	9	14	11	14	16	14	16
5	8	3	13	7	0	8	10	13	11	15	13	10	13	15	13	15
6	10	5	15	9	8	0	3	6	13	17	6	3	6	8	6	8
7	12	7	3	12	10	3	0	3	15	19	8	5	3	5	8	10
8	15	10	6	14	13	6	3	0	18	22	11	8	6	8	11	13
9	13	8	18	5	11	13	15	18	0	4	18	15	18	20	18	50
10	17	14	22	9	15	17	19	22	4	0	22	19	22	24	22	24
11	15	10	11	14	13	6	8	11	18	22	0	3	6	13	6	8
12	12	7	8	11	10	3	5	8	15	19	3	0	3	10	3	5
13	15	10	6	14	13	6	3	6	18	22	6	3	0	8	6	8
14	17	12	8	16	15	8	5	8	20	24	13	10	8	0	13	15
15	15	10	11	14	13	6	8	11	18	22	6	3	6	13	0	8
16	17	12	13	16	15	8	10	13	50	24	8	5	8	15	8	0

表 5.3 节点之间的充电板中转表

经过的充电板	1	2	3	4	5	6	7	8	9	10	11	12	13	14	15	16
1			{2,7}	{2}	{2,7}	{2}	{2}	{2,7}	{2}	{2,9}	{2,12}	{2}	{2,12}	{2,7}	{2,12}	{2,12}
2			{7}	{7,2}	{7,2}	{7}		{7}		{9}	{12}		{12}	{7}	{12}	{12}
3	{7,2}	{7}		{2}	{2}	{2}	{2}	{7}	{7,2}	{7,2,9}	{7,12}	{7}	{7}	{7}	{7,12}	{7,12}
4	{2}		{2,7}		{2}	{2}	{2}	{2,7}		{9}	{2,12}	{2}	{2,7}	{2,7}	{2,12}	{2,12}
5	{2}		{2}	{2}		{7}	{2}	{2,7}	{2}	{2,9}	{2,12}	{2}	{2,7}	{2,7}	{2,12}	{2,12}
6	{2}		{2}	{2}	{2}		{7}	{7}	{2}	{2,9}	{12}	{2}	{7}	{7}	{12}	{12}
7	{2}		{7}	{7,2}	{7,2}	{2}		{7,2}	{7,2}	{2,9}	{12}	{7}	{7}	{7}	{12}	{12}
8	{7,2}	{7}	{2,7}		{2}	{9,2}	{2}			{7,2,9}	{7,12}	{2}	{2,7}	{2,7}	{7,12}	{7,12}
9	{2}	{9}	{9,2,7}	{9}	{9,2}	{12}	{9,2}	{9,2,7}			{2,12}	{9,2}	{9,12}	{9,2,7}	{2,12}	{2,12}
10	{9,2}	{12}	{7}	{12,2}	{12,2}	{7}	{12}	{12,7}	{12,2}		{9,2,12}		{12}	{12,7}	{9,2,12}	{9,2,12}
11	{12,2}			{2}	{2}	{7}	{2}	{7}	{2}	{12,2,9}		{7}				{12}
12	{2}	{7}	{7}	{2,7}	{2,7}				{2,7}	{2,9}			{7}	{7}		
13	{2,12}		{7}	{7,2}	{7,2}	{12}	{12}	{7}	{7,2}	{9,12}	{12}	{7}		{7}	{12}	{12}
14	{7,2}	{12}								{7,2,9}	{7,12}	{7}	{7}		{7,12}	{7,12}
15	{12,2}	{12}	{12,7}	{12,2}	{12,2}	{12}	{12}	{12,7}	{12,2}	{12,2,9}	{12}	{7}	{12}	{12,7}		{12}
16	{12,2}		{12,7}	{12,2}	{12,2}			{12,7}	{12,2}	{12,2,9}	{12}	{7}	{12}	{12,7}	{12}	

5.4
仿真结果

本节引入大量的实验仿真来评估第 5.2 节和 5.3 节所描述的算法的性能。首先介绍仿真环境及参数设置，然后再介绍仿真结果的比较和讨论。在本节仿真中，充电板的数量是一个重要的性能指标，实验通过设置不同的网络参数（如 D_{dmax}、网络密度和感测区域的大小），调用本章前面所提的四个不同的算法方案来计算所需充电板的数量及位置，并加以比较。

在充电板部署好的基础上，综合前面所提的 EDF、NJNP 和 SFF 三种算法构建成相应的飞行网络。在 SMHP 的基础上，验证了这种新型网络模型。本节还提出了第二种仿真设置，并且比较和讨论了网络的生命周期、成功充电节点数、平均飞行距离和总的飞行距离这几个性能指标的仿真结果。

仿真实验是在一台四核 3.2GHz Intel i5 处理器和 16GB RAM 的个人计算机（PC）上进行的，算法在 Visual Studio C# 2017 中实现。

5.4.1　所提算法的性能

在一个 $l×l$ 的正方形区域随机部署 N 个静态的可充电传感器节点。基站位于区域的中心。针对每个相同的网络参数，图 5.16 ~ 图 5.21 中每个值是取 100 个不同输出结果的平均值。

本小节通过分析不同的网络参数对所需充电板的影响来比较 MSC 方案、TNC 方案、GNC 方案和 DC 方案。它们在实验仿真平台的部署图如图 5.15（a）~（d）所示。在这些图中，黑色小圆圈和灰色的点分别代表充电板和传感器节点，三角形代表基站，灰色的虚线圆表示无人机从充电板飞出的范围。将感测区域的大小设为 6000m×6000m，传感器节点数 N=100，最长飞行距离 D_{dmax}=2000m。从图 5.15（a）~（d）中可以看出，MSC、TNC、GNC 和 DC 得到的所需部署充电板的位置和数量是不同的。

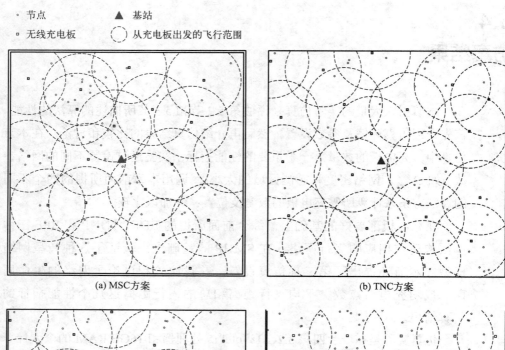

○ 节点　　　　　▲ 基站

□ 无线充电板　　◯ 从充电板出发的飞行范围

(a) MSC方案　　　　　　　　　　(b) TNC方案

(c) GNC方案　　　　　　　　　　(d) DC方案

图 5.15　充电板部署图

　　为了分析网络密度对所需部署充电板数量的影响，仿真平台设置传感器节点的数量从 100 变化到 800。从图 5.16 中可以看出，当传感器节点数量增加时，采用四种方案计算得到的充电板的数量也会相应增加。

　　然而，当传感器节点数量增加到一定值时，充电板的数量基本上也达到一个定值。网络密度越大，传感器节点越多，所需的充电板数量也就越多。当传感器节点数量足够大时，部署区域的每个节点至少被一个充电板覆盖。因此，充电板的数量达到了定理 5.2 中提出的上限值。

如图 5.16 所示，当传感器节点的数量小于 400 时，四种方案所得到的充电板数量关系为：GNC < MSC < TNC < DC。也就是说，在图 5.16 中，当网络密度较小时，MSC、TNC 和 GNC 获得的充电板数量低于 DC 方案。MSC、TNC 和 GNC 在部署充电板时经常选择下一个覆盖最大传感器节点的位置，因此充电板主要部署在传感器节点密集的区域。与这三种方案不同的是，DC 在仿真区域均匀部署充电板，如果某一个充电板覆盖了至少一个传感器节点，而其他充电板尚未覆盖该节点，则该充电板保留，否则就移除。因此，在较小的网络密度下，DC 获得的充电板数量高于 MSC、TNC 和 GNC。

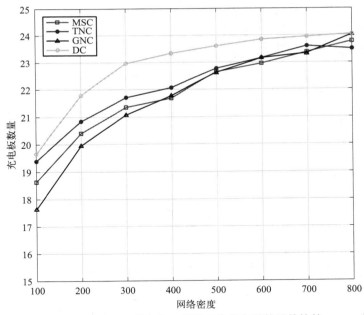

图 5.16 不同网络密度下所需无线充电板数量的比较

此外，GNC 获得的充电板数量略小于网络密度较小的 MSC 和 TNC，因为 GNC 在一个飞行距离的范围内选择下一个最优位置，该位置比使用两跳的 MSC 和 TNC 的选择范围更广。

如图 5.16 所示，当传感器节点数在 500 ~ 700 之间时，四种方案所得到的充电板数量关系为：GNC ≈ MSC < TNC < DC。这是因为在网络密度大的情况下，GNC 和 MSC 的选择范围接近。

当传感器节点数达到 800 时，MSC、TNC 和 GNC 接近 DC。也就是说，在网络密度大的情况下，四种方案所得到的充电板数量的差异变得非常小。

通过将区域的长度 l 从 1000m 变化到 6000m 来分析区域大小的影响。为此，传感器节点的数量 N 固定设置为 100，飞行距离 D_{dmax} 固定设为 2000m。四种部署方案在不同规模的区域下计算得到的充电板数量如图 5.17 所示。在图 5.17 中，随着区域规模的增加，充电板的数量也相应增加。显然，区域更大，则需要的充电板数量也更多。

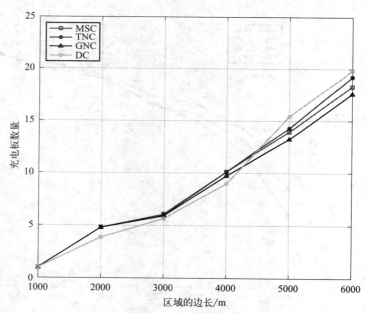

图 5.17 不同网络规模下所需无线充电板数量的比较

由 MSC、TNC 和 GNC 计算得到的充电板数量几乎一样。然而，当区域规模较大的时候，由这三种方案计算得到的充电板数量低于 DC；当区域规模较小时，就高于 DC。

当区域的规模为 1000m×1000m 时，四种方案得到的充电板数量相同，并且在这个构造图中的节点数最大为 99。当 $N=100$ 时，只部署一个充电板来覆盖整个区域。

如图 5.17 所示，当区域的规模介于 1000m×1000m 和 4000m×4000m 之间时，DC 计算得到的充电板数量略低于 MSC、TNC 和 GNC，这是因为在小规模区域，DC 方案部署的充电板位于区域的中心。然而，MSC、TNC 和 GNC 的分布密度较大，因此需要更多的充电板来覆盖一些靠近边界的传感器节点。

当区域的规模介于 5000m×5000m 和 6000m×6000m 之间时，DC 获得的充电板数量略高于 MSC、TNC 和 GNC。由此可知，在大规模区域中，充电板的密集分布更有效。

通过改变 D_{dmax} 的值，由 MSC、TNC、GNC 和 DC 方案计算得到的充电板数量如图 5.18 所示。仿真设置感测区域的规模为 6000m×6000m，传感器节点数量 $N=100$。实验仿真计算了 D_{dmax} 从 1200m 变化到 2500m 范围内的充电板数量。在图 5.18 中，充电板数量随着 D_{dmax} 的增大而减少，因为 D_{dmax} 越大，一个充电板所覆盖的面积就越大，同一区域所需的充电板数量就越少。

当 D_{dmax} 值在 1200 ~ 2000m 之间时，MSC、TNC 和 GNC 获得的充电板数普遍低于 DC。当 D_{dmax} 值略高时，如在 2100m 或 2200m 时，由于边界效应，DC 获得的充电板数少于 MSC 和 TNC。由于边界附近的充电板覆盖的面积非常小，其大概率会是冗余的，用 DC 方案计算的时候被移除的概率很大。此外，GNC 获得的充电板数普遍低于 MSC、TNC 和 DC，原因和前面相同，也是因为 GNC 的选择范围更大。

注意，由于边界效应，DC 计算得到的充电板数量在图 5.18 中呈锯齿状。当 D_{dmax} 值等于 1700m 和 2100m 时，边界效应会迅速下降。当 D_{dmax} 值等于 1700m 时，根据定理 5.2，充电板的数量上限为 25，几乎没有充电板被移除。同样地，当 $D_{dmax}=2100m$ 时，所需充电板数量的上限为 25，但位于边界区域的充电板所覆盖的面积很小，该区域内的充电板大部分是冗余的。因此，所需充电板的数量会迅速减少。

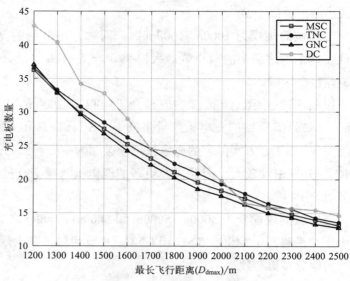

图 5.18 不同 D_{dmax} 下所需无线充电板数量的比较

5.4.2 四种充电板部署方案下的 SMHP 算法

本小节的仿真采用了一个特定的场景，即在 6000m×6000m 的区域内部署 200 个静态可充电传感器节点。基站坐落在区域中心，坐标为（3000，3000）。其他仿真参数如表 5.4 所示。

表 5.4 第二个仿真实验的仿真参数设置

参数	数值
区域规模 /m²	6000×6000
传感器节点数	200
D_{dmax}/m	2000
无人机的飞行速度 /（m/s）	10 ~ 50
节点的能量阈值 /s	200 ~ 1300
能量消耗率 /（kJ/s）	0.002
初始能量 /kJ	10

本小节通过仿真实验来比较基于 EDF、NJNP 和 SFF 的 SMHP 充电调度

算法，从而分析各种网络参数下的网络生命周期、成功充电的传感器节点数量及平均飞行距离等网络性能。为了便于参考，将充电板部署方案的名称及充电调度方案的名称相结合来为每次仿真实验命名。例如，基于 MSC 方案部署的 EDF 充电调度称为 MSC-EDF。

生命周期定义为 WRSN 系统启动时间与发生第一个传感器节点死亡时间（能量耗尽未得到及时充电从而失去效用）之间的差值。当出现第一个死亡节点时，仿真实验就停止了。生命周期是评价充电调度算法的一个非常重要的指标。成功充电的传感器节点数是指在给定 WRSN 的生命周期内发送充电请求并成功得到无人机及时充电的数量。无人机的平均飞行距离定义为无人机完成一次充电请求的平均飞行距离，即无人机从当前充电的传感器节点的位置到下一个充电调度的节点位置的飞行距离。

接下来，实验将无人机的飞行速度从 10m/s 变化为 50m/s，最长飞行距离 D_{dmax}=2000m，能量阈值保持在 300s 来检测所提算法的性能。仿真结果如图 5.19 和图 5.20 所示。

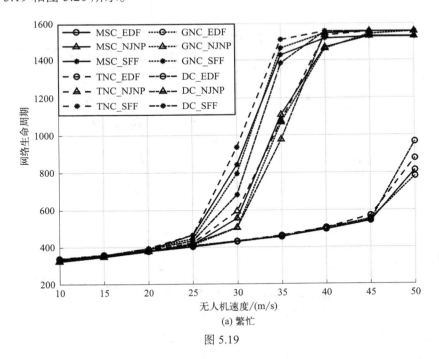

(a) 繁忙

图 5.19

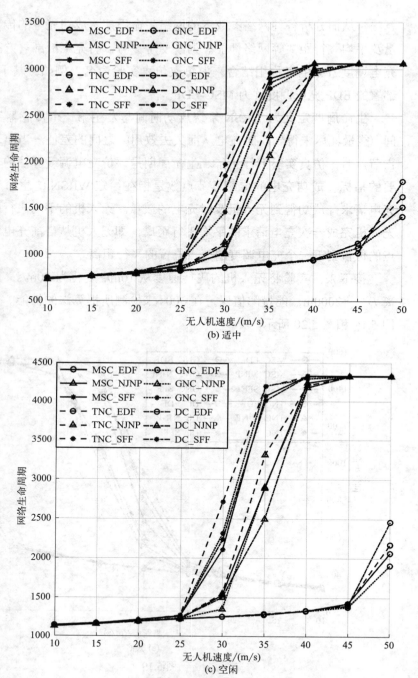

图 5.19　无人机在不同飞行速度下的网络性能（网络的生命周期）比较

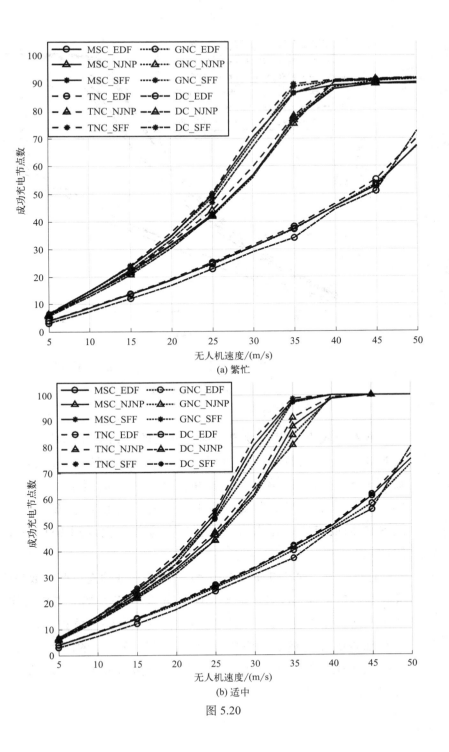

(a) 繁忙

(b) 适中

图 5.20

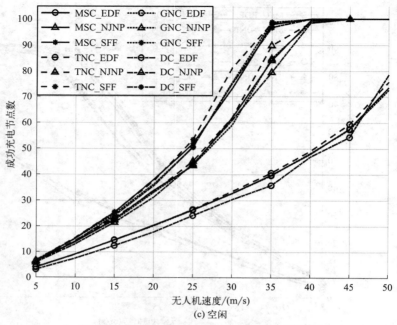

图 5.20　无人机在不同飞行速度下的网络性能

（成功充电节点数）比较

随着无人机飞行速度的增加，网络的生命周期和成功充电节点数均有增加。当无人机飞行速度快时，其飞行时间短，可以及时为更多的具有充电请求的传感器节点提供服务。SFF 的网络生命周期和成功充电节点数是三种充电调度方案中最高的，而 EDF 的最低，这是因为采用 SFF 调度方案，无人机的飞行时间最短，而采用 EDF 所需要的飞行时间最长。

除此之外，基于 TNC 的网络生命周期和成功充电节点数是四种部署方案中最高的，而 DC 最低。一方面，DC 方案获得的充电板是均匀分布的，较少关注使用密度，这导致充电板之间的飞行路径更长。另一方面，TNC 方案部署的充电板彼此距离较近，即充电板之间的距离更短。因此，在 TNC 方案生成的部署地图基础上的充电调度方案中，无人机需要较短的飞行时间。

实验还对传感器节点在不同能量阈值情况下进行了仿真。在仿真中，无人机的速度保持为 20m/s，最长飞行距离 D_{dmax} 为 2000m，能量阈值从 200s 变化到 1300s。为了便于仿真，传感器节点的能量阈值用时间（s）代替表示。图 5.21（a）~（d）展示了 12 种方案在不同能量阈值下的性能。从图 5.21（a）~（d）中可以看出，SFF 略优于 NJNP，而 NJNP 优于 EDF。这是因为 SFF 比其他方案节省了更多的飞行时间。在图 5.21（c）中，在能量阈值为 400~900s 时，SFF 和 NJNP 的总飞行距离高于 EDF。

在图 5.21（b）中，由 MSC-NJNP 和 TNC-NJNP 得到的成功充电节点数远高于 MSC-EDF 和 TNC-EDF，即总飞行距离随着成功充电节点数量的增加而增加。

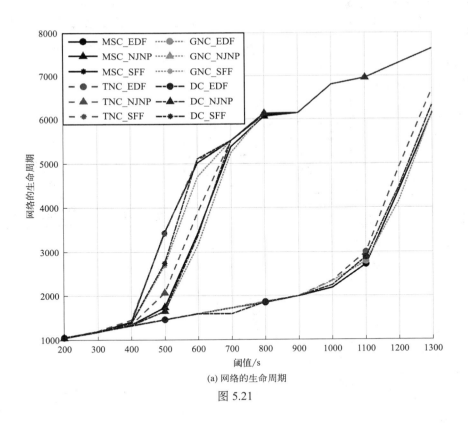

(a) 网络的生命周期

图 5.21

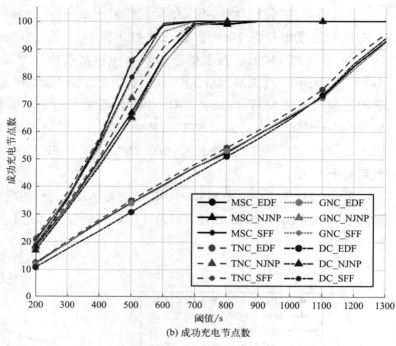

(b) 成功充电节点数

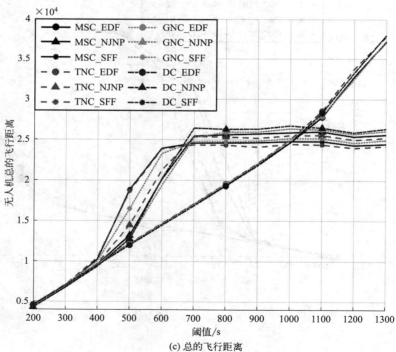

(c) 总的飞行距离

无线可充电传感网中的充电调度技术

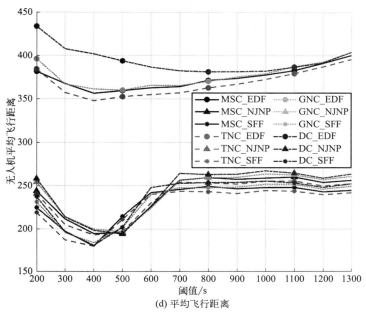

图 5.21　节点在不同能量阈值下的网络性能比较

5.5
本章小结

　　本章提出了一种新的 WRSN 模型。该模型使用了无人机并在充电板的辅助下为低功耗的传感器节点提供充电服务。为了克服无人机飞行距离有限的缺点，本章对充电板的部署问题进行了规划，并提出了四种部署方案。MSC、TNC 和 GNC 算法考虑了能量补充、时间、飞行距离和节点的几何分布等因素，最大限度地提高了充电板的部署效率。此外，为了证明所提算法的优点，本章还提出了一种简单的充电板静态部署方案——DC 方案。仿真结果表明，三种算法计算得到的充电板数量普遍低于 DC 方案。然后，在MSC、TNC 和 GNC 算法的基础上，提出了基于最长飞行距离的 SMHP 充电调度方案。该算法与 EDF、NJNP 和 SFF 充电调度方案相结合进行仿真实验。仿真实验结果表明，SFF 充电调度方案优于 NJNP 和 EDF。

第 **6** 章

多部无线充电小车与无人机的混合充电调度方案

多数关于 WRSN 中充电调度的研究都是采用无线充电小车给传感器节点充电的。这些研究提出的方案解决了简单地形中部署 WRSN 的问题，并确保 WRSN 能够持续运行。然而，这些方案依然存在两个缺点：在障碍物、沟壑、山地、湖泊等复杂地形中，小车的移动是受限的；此外，在大型 WRSN 中，小车的移动速度有限，无法保证每个节点都能得到及时充电的服务，尤其是距离较远的节点。

无人机的应用发展为 WRSN 中的充电调度带来了一个新的研究方向。无人机的飞行速度可以达到 161 ~ 465.29km/h，并且可以不用绕行直接飞越障碍物。此外，无人机的体积小，制造成本较低。与无线充电小车相比，无人机的电池容量和飞行距离有限，这将导致得到充电服务的传感器节点数量有限。因此，无人机在 WRSN 中的应用受到了一定的限制。

为了克服无线充电小车和无人机的缺点，本章提出了一种新型的 WRSN 模型。该模型将无线充电小车、车载无线充电无人机和独立无人机协同构建一个高效的混合充电系统。在该方案中，传感器的充电请求被发送到基站，由基站计算和规划无线充电小车及车载无线充电无人机和独立无人机的充电调度。当接收到充电任务时，独立无人机从基站出发直接飞到附近的节点提供充电服务，而携带多架无人机的小车从基站出发，按照既定的充电调度访问每个传感器节点。当充电任务完成后，无人机和小车返回到基站等待下一个可能的充电任务，如图 6.1 所示。

协调无线充电小车、车载无线充电无人机和独立无人机一起完成充电任务是相当具有挑战性的。第一个挑战就是如何在三种类型的载具中有效且公平地分配充电任务。第二个挑战是如何给节点分区，以及进行合理的充电调度。调度一个充电小车需要考虑各种约束条件，并且其最优充电调度是 NP-hard 问题 [65]；由于车载无人机依赖于小车的运行，因此需要仔细确定充电调度，并综合考虑小车与小车携带的无人机之间的协作问题。对于每辆小车和其携带的无人机存在以下四个待解决的问题：

① 如何对具有充电请求的节点进行分区？

② 如何选择合适的停靠点供无人机起飞？

③ 如何为不同的充电载具规划相应的充电调度？

④ 如何令不同的充电载具同步进行充电服务？

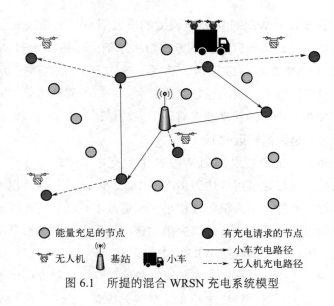

图 6.1　所提的混合 WRSN 充电系统模型

> 为此，首先考虑小车及车载无人机和独立无人机之间如何高效协作，从而完成充电任务。设计充电调度的主要目标是尽可能延长 WRSN 的生命周期。因此，本章设计了两种高效的协作方案。一种方案是考虑将感测区域划分为三个圆环子区域，来解决混合充电调度问题。另一种方案是按照匹配距离最长优先的原则，将节点分配给充电小车和车载无人机。

6.1
混合充电相关知识

> 本节详细介绍了传感器的能量消耗模型、无线充电模型和新系统模型，还对保持网络持久运行的混合充电调度问题作了一个线性规划。

6.1.1　符号与定义

> 定义 6.1　将执行一次充电任务的过程称为一次充电周期。
> 本章所使用的相关符号和定义详见附录。

6.1.2 能量消耗模型

传感器节点负责感测、发送或转发数据到基站。在 WRSN 中，每个节点的能量主要消耗在感测、采集、接收或传输数据上，能量的消耗由网络的拓扑结构和数据速率决定。假设数据收集协议是基于树的结构，以单个数据 Sink 为根。本章采用如下能量消耗模型来计算传感器 s_i 的能量消耗率，即

$$r_i = \rho \sum_{k=1, k \neq i}^{n} f_{ki} + Ce_{ij} \left(\sum_{k=1, k \neq i}^{n} f_{ki} + f_i \right) + Ev_i \tag{6.1}$$

式中，ρ、Ce_{ij} 和 Ev_i 分别表示不同的能量消耗速率。ρ 表示节点接收单位数据所需的能量消耗率；Ce_{ij} 表示节点 s_i 向节点 s_j 传输单位数据的能量消耗率；而 Ev_i 则代表节点 s_i 进行数据感知时的能量消耗率。其中，f_{ki} 是从节点 s_k 到节点 s_i 的数据传输速率，s_j 表示树形拓扑结构中节点 s_i 的父节点。由于给定的路由协议 [107]，s_i 在单位时间内产生的数据为 f_i。注意，靠近基站的节点比远离基站的节点消耗更多的能量。这种现象被称为热点效应 [108]，本章提出的混合充电方案将充分考虑到热点效应。

6.1.3 无线充电模型

本章采用如下无线充电模型：

$$p_r = \frac{G_s G_r \kappa}{L_p} \left[\frac{\lambda}{4\pi(d + \zeta)} \right]^2 p_0 = \frac{\tau}{(d + \zeta)^2} p_0 \tag{6.2}$$

式中，$\tau = \dfrac{G_s G_r \kappa \lambda^2}{16 L_p \pi^2}$，$p_0$ 是充电器的源功率；p_r 为节点的接收功率；d 为充电器与节点之间的距离；G_s 为源天线增益；G_r 为接收天线增益；L_p 为极化损耗；λ 为波长；κ 为整流器效率；ζ 是调整 Friis 自由空间方程用于短距离传输的参数 [109]。所提的 WRSN 系统采用一对一能量传输 [100]，无线充电器靠近一个非常近的节点，一次仅对一个节点充电，从而达到最大的充电效率。

6.1.4　新系统模型

本章提出了一种新的 WRSN 系统模型，该系统模型包含 N 个节点 $\{s_1, \cdots, s_N\}$、一个或多个无线充电小车以及车载无人机、独立无人机。在该系统中，有 m_wcv 辆无线充电小车，每辆装载 m_d 架无人机，还有 m_id 架独立无人机，协作完成充电任务，即每个节点由一辆小车或一架无人机提供充电服务。一些其他的网络假设如下所示。

节点随机分布在感测区域内，并且保持静止。这些传感器节点是同质的。每个节点的电池容量有限且都有唯一的标识（ID），能够被基站识别出来。当每个节点的剩余能量低于预定义的阈值时，向基站发送充电请求。小车和无人机一次只能给一个节点充电。

基站位于感测区域的中心，作为无线充电小车和无人机的服务站，能快速更换它们的电池以及感测数据的收集中心。起初，小车和无人机在基站上停驻，并且小车顶部装载多架无人机，基站通过计算确定它们的充电调度。小车和无人机根据充电调度执行它们的充电任务。当一辆小车到达目标节点附近的停靠站时（两者距离在无人机飞行范围内），就会发射一架无人机为该节点提供充电服务。为了使问题简单化，假设无人机在一个充电周期中只为 WRSN 中的一个节点提供充电服务。在完成充电任务后，靠近基站的独立无人机直接飞回基站，小车也直接驶回基站。然而，应该注意的是，远离基站的车载无人机则需要等待小车下次在其附近通过才能驶回基站。一辆小车的电池容量虽然是有限的，但足以确保在一个充电周期内为数个传感器节点提供充电服务。

6.1.5　问题表述

节点 $\{s_1, \cdots, s_N\}$ 在一个周期内的初始能量 $\{e_1, \cdots, e_N\}$ 不同，能量消耗率 $\{r_1, \cdots, r_N\}$ 也不同，节点 s_i 的剩余生命周期为

$$L_i = \frac{e_i - e_{\min\_sn}}{r_i} \tag{6.3}$$

本章采用按需充电模式。一个充电周期内没有必要给所有节点 $\{s_1, \cdots, s_N\}$ 充电，因为有些节点有足够的能量支撑到下一个充电周期的到来。因此，

在一个充电周期中，只有能量低于预设阈值的节点才会发送充电请求，并被放入充电服务集 S_{serve} 中。集合 S_{serve} 中每个具有充电请求的节点 s_i 需要得到及时充电，即需要满足以下不等式：

$$\tau_{arrive}^{s_i} \leqslant L_i \tag{6.4}$$

在所提的 WRSN 模型中，集合 S_{serve} 被分为三个子集：S_{in_UAV}、S_{WCV} 和 S_{out_UAV}。这三个子集中的每个节点 s_i 需要满足不等式（6.4），这也是确保 WRSN 持续运行的充分条件。

假设每架无人机在一个充电周期内的初始能量为 e_{max-d} 和能耗为 r_d（即飞行能量消耗和为节点充电的能量消耗），根据定理 6.1 可以确定无人机的最长飞行距离。

定理 6.1 假设内圈中任一节点 s_i 都能得到一架无人机及时充电，则无人机当时最长飞行距离 D_{dmax} 满足式（6.5）

$$
\begin{aligned}
\max\left[\frac{\phi_{sn} - e_{min\_sn}}{r_i}, \frac{e_{max\_d} - e_{min\_d} - (e_{max\_sn} - e_{min\_sn})}{r_d}\right] v_d \leqslant \\
D_{d\max} \leqslant \left[\frac{e_{max\_d} - e_{min\_d} - (e_{max\_sn} - \phi_{sn})}{r_d}\right] v_d
\end{aligned}
\tag{6.5}
$$

证明： 针对内圈节点 s_i 的充电请求，最坏的情况发生在节点能量恰好降至最低工作阈值 e_{min_sn}（如果低于 e_{min_sn}，节点就不再工作）。需确保无人机在节点能量耗尽前抵达，因此无人机的最长飞行时间应小于 $\dfrac{e_{max\_d} - e_{min\_d} - (e_{max\_sn} - \phi_{sn})}{r_d}$，因为在无人机电池总能量中，除至少预留 $(e_{max\_sn} - \phi_{sn})$ 用于目标节点充电外，其余能量均用于飞行。

另外，无人机最长飞行距离的上限大于 $\left(\dfrac{e_{max\_sn} - e_{min\_sn}}{r_i}\right) v_d$，因为节点 s_i 的最长等待时间为 $\dfrac{e_{max\_sn} - e_{min\_sn}}{r_i}$，无人机从基站飞行到 s_i 的时间须更短。

同时，无人机的最长飞行距离还大于 $\left(\dfrac{e_{\max\_d} - e_{\min\_d} - (e_{\max\_sn} - e_{\min\_sn})}{r_d} \right) v_d$。考虑到最差充电需求场景，无人机最多预留 $e_{\max\_sn} - e_{\min\_sn}$ 用于节点充电。

总之，$\max\left[\dfrac{\phi_{sn} - e_{\min\_sn}}{r_i}, \dfrac{e_{\max\_d} - e_{\min\_d} - (e_{\max\_sn} - e_{\min\_sn})}{r_d} \right] v_d \leqslant D_{d\max} \leqslant$

$\left[\dfrac{e_{\max\_d} - e_{\min\_d} - (e_{\max\_sn} - \phi_{sn})}{r_d} \right] v_d$。

在满足首要目标的前提下，充电调度问题以充电调度总时间最短为目标函数。充电调度的总时间包括充电 S_{WCV} 集合中节点所需时间和小车、无人机在节点间移动的时间。

本章所提的新型系统采用小车向 S_{WCV} 集合中的节点、独立无人机向节点 S_{in_UAV} 集合中的节点及车载无人机同时向 S_{out_UAV} 集合中的节点提供充电服务。由于独立无人机和车载无人机所需的充电时间远小于充电小车，系统只需考虑充电路径上小车的充电时间和移动时间。假设充电调度路径为 $\{$ 基站 $= s_0, s_1, s_2, \cdots, s_{n_l}, s_0 = $ 基站 $\}$，则协作式混合充电调度问题表述如下：

$$\text{最小化：} \quad \sum_{i=1}^{n_l} \frac{e_{\max\_sn} - \phi + r_i \tau_{\text{arrive}}^{s_i}}{r_c} + \sum_{i=0}^{n_l - 1} \frac{d_{i,i+1}}{v_c} + \frac{d_{n_l,0}}{v_c} \tag{6.6}$$

对于给定的一个充电周期内的充电调度 $\{$ 基站 $= s_0, s_1, s_2, \cdots, s_{n_l}, s_0 = $ 基站 $\}$，$d_{i,i+1}$ 是 S_{WCV} 集合中两个节点之间的距离，其中 $0 \leqslant i \leqslant n_l$。

限制于：

$$\tau_{\text{arrive}}^{s_i} \leqslant L_i, \quad \forall s_i \in S_{\text{serve}} \tag{6.7}$$

式（6.6）的第一项表示小车为节点充电所需的总充电时间；第二项和第三项表示在节点（包括基站）之间移动所需的时间。式（6.7）说明 S_{serve} 集合中的每个节点 s_i 都需要得到及时的充电服务。

为了解决上述充电调度问题，本章考虑设计两种混合的充电调度方案，使得充电调度总时间最小化。方案设计的难点在于如何对节点进行分群、小车和无人机如何协作同步工作。

6.2
所提方案

针对混合充电调度问题，本节提出了两种有效的新方案。首先，为了提高方案的效率，需采用较简单的原理，即根据节点密度对感测区域内的节点进行分群。其次，合理分配充电请求，节点如何分配给小车和无人机是至关重要的。第一种方案是，根据每个感测区域中的充电请求节点的位置构造三个圆（包括内圆、中圆和外圆）。根据这三个圆，请求节点被划分为三个集合：S_{in_UAV}、S_{wcv} 和 S_{out_UAV}。第二种方案的分群方法不一样，它规划了两个子区域（包括内区域和外区域）。根据匹配距离最长优先的原则，将充电请求节点划分为三个集合：S_{in_UAV}、S_{wcv} 和 S_{out_UAV}。在完成一次充电周期中的充电任务后，每辆小车和部分车载无人机返回基站等待下一次的充电任务。

6.2.1 分群过程

为了有效地协调 m_wcv 部小车和车载无人机，需要根据节点和基站之间的角度把感测区域的充电请求节点分为 m_wcv 个群。分群的结果用集合 $S=S_1\cup S_2\cup\cdots\cup S_{m\_wcv}$ 表示，其中 S_i 表示第 i 个群，群里包含一定数量的节点。例如，图 6.2 中的节点被分为三个群 S_1、S_2 和 S_3。分群过程的具体细节见算法 6.1。

算法 6.1 分群过程

输入：节点集合 S、基站 和 小车的数量 m_wcv。

输出：$S=S_1\cup S_2\cup\cdots\cup S_{m\_wcv}$。

步骤 1：依次 i 为 1 至 n 的整数，计算节点 s_i 和基站的角度 α_i。

步骤 2：按照升序对角度 $\{\alpha_1, \alpha_2, \cdots, \alpha_n\}$ 进行排序。

步骤 3：根据排序后的角度将集合 S 分成 m 个子集。

步骤 4：返回 $S=S_1\cup S_2\cup\cdots\cup S_{m\_wcv}$。

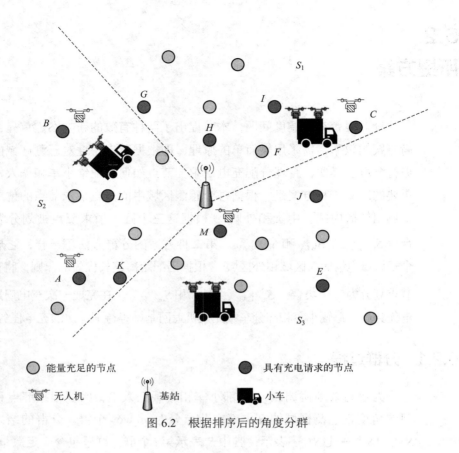

图 6.2　根据排序后的角度分群

6.2.2　内圈

两种混合协作方案都用同样的方法设计了一个内圈，位于内圈的节点由独立无人机提供充电服务。

由于位于基站附近的节点需承担额外的来自其他节点的数据包的转发任务，这些节点比远离基站的节点消耗更多的能量。为了减轻小车的充电负担和解决热点问题，方案设计将基站附近及位于内圈的节点由独立无人机提供充电服务。内圈设计以基站为中心，$D_{dmax}/2$ 为半径（图 6.3 中左下角虚线圆圈）。将位于内圈的节点（图 6.3 中的节点 M）放进 S_{in_UAV} 集，该集合中的节点都由直接从基站出发的无人机提供充电服务。注意，无人机的能量足够支持它自身从基站出发飞到某个节点提供充电服务，然后返回基站。此外，一架无人机一次只能给一个节点提供充电服务。

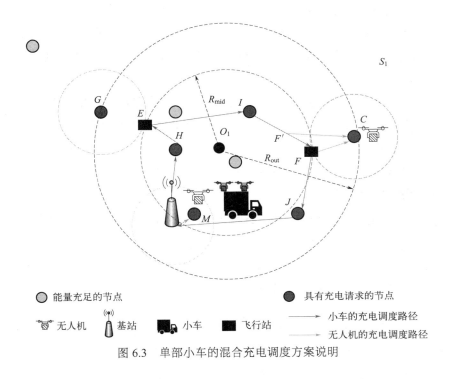

图 6.3　单部小车的混合充电调度方案说明

6.2.3　第一种混合充电调度方案

在该混合充电调度方案中，外圈和中圈的划分非常重要。因此，划分细节讨论如下。

（1）确定外圈和中圈

考虑用一个圆（即外圈）来覆盖所有具有充电请求的点（内圈的节点除外），这样就可以近似确定这些请求节点的分布和中心。这种问题类似于 1-中心问题[105]。该问题定义如下：根据平面上给出的一组节点，找出覆盖这些节点的最小圆（图 6.3 中蓝色的圆）。如图 6.3 所示，外圆（蓝色）是覆盖感测区域内所有充电请求（位于内圈的除外）的节点的最小圆。因此，通过调用 1-中心算法计算可以得到外圆的圆心 O_1 和半径 R_{out}。

位于外圈的充电请求节点由车载无人机或小车提供充电服务，因此，采用另一个称为中间圆的中圈来进行分区。为了节约小车的能量，位于外圈和中圈（即外环）之间有充电请求的节点由安装在小车上的无人机提供充电服务，而位于中圈而不在内圈（即中环）的节点由小车提供充电服务。故本章也提出了一种计算中圈（图 6.3 中红色圆）的算法，其圆心仍为 O_1，但半径 R_{mid} 小于外圆。

如图 6.3 所示，节点 M 位于内圈，由直接从基站出发的独立无人机提供充电服务；节点 C、G 位于外环，由车载无人机提供充电服务；节点 H、I 和 J 位于中圈，由小车提供充电服务。然而，由于 $\{C, G\}$ 中任一点和 $\{H, I, J\}$ 中任一点之间的距离大于 D_{dmax}，小车需要绕道经过 E 点和 F 点来释放所携带的车载无人机。

确定三个圆的算法描述如下：步骤 1 通过计算 S_{serve} 中每个节点到基站的欧几里得距离来确定内圆，将距离小于或等于 $D_{dmax}/2$ 的节点加入 S_{in_UAV} 中，并将它们从 S_{serve} 中移除。步骤 2 执行 1- 中心算法从而得到覆盖 S_{serve} - S_{in_UAV} 中所有节点的最小外圆的圆心 O_1 和半径 R_{mid}。然后，通过确定中圈，把 S_{serve} - S_{in_UAV} 中的剩余节点分到集合 S_{WCV} 和 S_{out_UAV} 中。

为了减少小车在中圈总的移动距离，将距离 O_1 最远的节点分配给外圈，这样可以确保中圈尽可能小。每辆小车可以装载最多 m_d 架无人机，算法选择将离 O_1 最远的 m_d 个节点（如果存在）放入 S_{out_UAV} 中。集合 S_{serve} - S_{in_UAV} - S_{out_UAV} 中剩余节点就放入集合 S_{WCV} 中。目前，中圈是确定的，计算步骤的具体细节见算法 6.2。

算法 6.2 确定内圈、中圈和外圈

输入：一个请求节点集 S_{serve}、D_{dmax}，num=0。

输出：S_{in_UAV}、S_{WCV} 和 S_{out_UAV}。

步骤 1：计算 S_{serve} 中每个节点到基站的欧几里得距离。

步骤 2：对于 S_{serve} 中的每个节点 s，如果 $d(s, 基站) \leqslant D_{dmax}/2$，$S_{in\_UAV} \leftarrow s$，$S_{serve} = S_{serve} - \{s\}$。

步骤 3：执行 1- 中心算法计算外圈，即覆盖 S_{serve} 中所有节点最小圆的圆心 O_1。

步骤 4：计算 S_{serve} 中每个节点到 O_1 的欧几里得距离 d_{so_1}。

步骤 5：按节点到圆心 O_1 的欧几里得距离降序排序。

步骤 6：对于已经降序排列的 S_{serve} 中的每个 s，如果 num < m_d，num++，$S_{out\_UAV} \leftarrow s$，$S_{serve} = S_{serve} - \{s\}$。如果 num>$m\_d$，则跳到步骤 7。

步骤 7：对于 S_{serve} 中的每个 s，$S_{WCV} \leftarrow s$。

步骤 8：输出 S_{in_UAV}、S_{WCV} 和 S_{out_UAV}。

⑵ 优化混合充电调度算法

在充电请求节点划分了三个圈之后，当设计混合充电调度时，由于位于外圈的节点由车载无人机提供充电服务，因此小车在何时何地释放无人机需要重点考虑。然而，小车移动路径采用了一种简单的距离优先（NJF）原则（每次选择最近距离的充电请求节点进行服务，同时节约小车的移动距离）[110]来给中圈的节点提供充电服务。这意味着在混合充电调度中，小车和无人机需要共同协作来完成混合充电调度。为了进行简化，系统采用 NJF 来缩短小车总的移动距离。此时，小车移动路线上释放无人机的点称为飞行站。在飞行站上，一架或多架无人机被释放飞向目标节点，从而完成充电任务。为了优化混合充电调度，需要根据 NJF 规划的小车移动路径（可能包含几个线段）来确定所有的最佳飞行站点。

直观上来看，选择小车的移动路线上的最近点作为飞行站来释放无人机是一个较好的选择。然而，当目标传感器的剩余能量不能维持到无人机的到达，或者说最近站点到无人机的飞行距离大于 D_{dmax} 时，事先准备好的充电调度就失效了，这时需要适时重新调整调度路线。

一般来说，确定小车在中圈移动时的最近飞行站，有三种可能性：

情况 1：当小车移动到路线上的最近飞行站时，无人机的到达时间早于目标节点的死亡时间，并且目标节点位于飞行范围内。

情况 2：当线路与目标节点之间的最长距离大于 D_{dmax} 时，小车移动到最近飞行站上（该站点不在最初的移动路线上），这样无人机的到达时间仍然会早于目标节点的死亡时间。

情况 3：当小车移动到最近飞行站时（有可能还需要绕路），车载无人机的到达时间超过了目标节点的死亡时间。

为了找出最佳的飞行站，在基于上述三种情况的基础上，推出定理 6.2。此时，以一个特定节点 s_i 为圆心、D_{dmax} 为半径的圆称为节点 s_i 的飞行范围圆。当车载无人机在飞行范围圆内的一个点开始飞行时，无人机有足够的能量到达这个传感器节点。定理 6.2 和定理 6.3 得到证明适用于情况 1，定理 6.4 适用于情况 2，定理 6.5 和定理 6.6 适用于情况 3。

定理 6.2 对于情况 1，当包括最近站点的线段（在小车的移动路线上）与 s_i 的飞行范围圆相切时，节点 s_i 的生命周期满足不等式 (6.8)。

$$L_i^k \geqslant \tau_{\text{arrive}}^{s_i^k} = \sum_{j=1}^{m} \frac{e_{\max\_sn} - \phi_{sn} + r_{o(j)}\tau_{\text{arrive}}^{s_{o(j)}^k}}{r_c} + \sum_{j=0}^{m-1} \frac{d(s_{o(j)}, s_{o(j+1)})}{v_c} + \frac{d(s_{o(m)}, D)}{v_c} + \frac{D_{d\max}}{v_d}$$

$$(6.8)$$

其中，小车的移动路线为 { 基站 $=s_{o(0)}$, $s_{o(1)}$, $s_{o(2)}$, $\cdots$, $s_{o(m)}$, $s_{o(m+1)}$, $\cdots$, 基站 }，最近的线段是 $(s_{o(m)}, s_{o(m+1)})$。

证明： 当小车的移动路线上包含最近飞行站点 D 的线段与 s_i 的飞行范围圆相切时，显示该线段到 s_i 的最短距离为 D_{dmax}（图 6.4）。

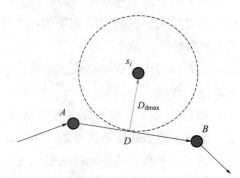

图 6.4 小车移动路径上的包含最近飞行站点的线段与飞行范围圆相切

在情况 1 中，小车有足够的时间为访问节点提供充电服务，故 $L_i^k \geqslant \tau_{\text{arrive}}^{s_i^k}$。$\tau_{\text{arrive}}^{s_i}$ 的到达时间包括目标节点的充电时间 $\sum_{j=1}^{m} \frac{e_{\max\_sn} - \phi_{sn} + r_{o(j)}\tau_{\text{arrive}}^{s_{o(j)}^k}}{r_c}$，移动到

切点 D 释放一架无人机的移动时间 $\sum\limits_{j=0}^{m-1}\dfrac{d(s_{o(j)},s_{o(j+1)})}{v_{\mathrm c}}+\dfrac{d(s_{o(m)},D)}{v_{\mathrm c}}$ 和无人机飞到 s_i 的时间 $\dfrac{D_{\mathrm{d\,max}}}{v_{\mathrm d}}$。因此，节点 s_i 的生命周期满足式（6.8）。

定理 6.3 对于情况 1，当包含最近位置 E 的线段（在小车的移动路径上）与 s_i 的飞行范围圆相交时，则节点 s_i 的生命周期满足不等式（6.9）。

$$L_i^k \geqslant \tau_{\mathrm{arrive}}^{s_i^k}=\sum_{j=1}^{m}\frac{e_{\mathrm{max\_sn}}-\phi_{\mathrm{sn}}+r_{o(j)}\tau_{\mathrm{arrive}}^{s_{o(j)}^k}}{r_{\mathrm c}}+\sum_{j=0}^{m-1}\frac{d(s_{o(j)},s_{o(j+1)})}{v_{\mathrm c}}+\frac{d(s_{o(m)},E)}{v_{\mathrm c}}+\frac{d(s_i,E)}{v_{\mathrm d}}$$

$$(6.9)$$

其中，小车的移动路径为 { 基站 $=s_{o(0)}$, $s_{o(1)}$, $\cdots$, $s_{o(m)}$, $s_{o(m+1)}$, $\cdots$, 基站 }，最近的线段为 $(s_{o(m)}, s_{o(m+1)})$，$d(s_a, s_b)$ 表明了 s_a 和 s_b 之间的欧几里得距离。

证明： 当包含最近飞行站点 E 的线段（在小车的移动路径上）与 s_i 的飞行范围圆相交时，该线段到 s_i 的最短距离是从 s_i 到线段 $(s_{o(m)}, s_{o(m+1)})$ 的垂直线段（其中 E 是垂足，如图 6.5 所示）。根据情况 1 的定义，小车有足够的时间来为被访问的节点提供充电服务。小车移动到垂足 E 时释放无人机，并直接飞向 s_i，因此，$L_i^k \geqslant \tau_{\mathrm{arrive}}^{s_i^k}$。$\tau_{\mathrm{arrive}}^{s_i^k}$ 的到达时间包括目标节点的充电时间 $\sum\limits_{j=1}^{m}\dfrac{e_{\mathrm{max\_sn}}-\phi_{\mathrm{sn}}+r_{o(j)}\tau_{\mathrm{arrive}}^{s_{o(j)}^k}}{r_{\mathrm c}}$，移动到垂足 E 释放一架无人机的移动时间 $\sum\limits_{j=0}^{m-1}\dfrac{d(s_{o(j)},s_{o(j+1)})}{v_{\mathrm c}}+\dfrac{d(s_{o(m)},E)}{v_{\mathrm c}}$ 和无人机飞到 s_i 的时间 $\dfrac{d(s_i,E)}{v_{\mathrm d}}$。因此，节点 s_i 的生命周期满足式（6.9）。

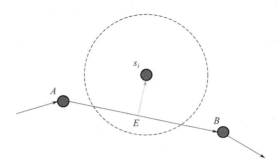

图 6.5　小车移动路径上的包含最近飞行站点的线段与飞行范围圆相交

定理 6.4　对于情况 2，当小车的路径与目标节点之间的最短距离大于 D_{dmax} 时，无人机的到达时间早于目标节点的死亡时间，这样 S_{UAV}^k 中节点 s_i 的生命周期及 $\{s_{o(m+1)}, s_{o(m+2)}, \cdots, s_{o(n)}\}$ 中每个节点 s_j 满足不等式 (6.10)。

$$L_i^k \geq \tau_{\text{arrive}}^{s_i^k} = \sum_{j=1}^{m} \frac{e_{\text{max\_sn}} - \phi_{\text{sn}} + r_{o(j)} \tau_{\text{arrive}}^{s_{o(j)}^k}}{r_{\text{c}}} + \sum_{j=0}^{m-1} \frac{d(s_{o(j)}, s_{o(j+1)})}{v_{\text{c}}} + \frac{d(s_{o(m)}, E)}{v_{\text{c}}} + \frac{D_{\text{dmax}}}{v_{\text{d}}}$$

$$(6.10)$$

对于所有 $s_j \in \{s_{o(m+1)}, \cdots, s_{o(n)}\}$，有

$$L_j^k \geq \tau_{\text{arrive}}^{s_j^k}{}' = \tau_{\text{arrive}}^{s_j^k} + \frac{d(s_{o(m)}, E)}{v_{\text{c}}} + \frac{d(s_{o(m+1)}, E)}{v_{\text{c}}} - \frac{d(s_{o(m)}, s_{o(m+1)})}{v_{\text{c}}} \qquad (6.11)$$

其中，小车的移动路径为 { 基站 $= s_{o(0)}$，$s_{o(1)}$，$s_{o(2)}$，$\cdots$，$s_{o(m)}$，$s_{o(m+1)}$，$\cdots$，$s_{o(n)}$，基站 }，最近的线段为 $(s_{o(m)}, s_{o(m+1)})$，$s_{o(m)}$ 的坐标为 (x_A, y_A)，$s_{o(m+1)}$ 的坐标为 (x_B, y_B)，则 $d(s_{o(m)}, E) + d(s_{o(m+1)}, E)$ 的最小值为

$$\sqrt{(x_{s_i} + D_{\text{dmax}} \cos\theta - x_A)^2 + (y_{s_i} + D_{\text{dmax}} \sin\theta - y_A)^2} + $$

$$\sqrt{(x_{s_i} + D_{\text{dmax}} \cos\theta - x_B)^2 + (y_{s_i} + D_{\text{dmax}} \sin\theta - y_B)^2}。$$

证明：当小车的充电调度路径与 s_i 的飞行范围圆分离 [图 6.6 (a)] 时，必须为小车找到一条新的最优迂回路径，即必须建造一个新的飞行站点 E，以确保小车在释放无人机时额外移动的距离最短。

为了确保小车能够及时给目标节点 s_i 提供充电服务，移动到新的飞行站点 E（释放无人机）的时间、无人机直接飞向节点 s_i 的时间及为节点 s_i 充电所需要的时间须满足不等式 (6.10)，类似于式 (6.9)。

绕行后小车需要额外移动的时间为 $\dfrac{d(s_{o(m)}E)}{v_{\text{c}}} + \dfrac{d(E, s_{o(m+1)})}{v_{\text{c}}} - \dfrac{d(s_{o(m)}, s_{o(m+1)})}{v_{\text{c}}}$，从而延长了小车到节点 s_j（后面紧跟节点 $s_{o(m)}$）的等待时间 $\tau_{\text{arrive}}^{s_j^k}$，其中 $s_j \in \{s_{o(m+1)}, \cdots, s_{o(n)}\}$。为了确保小车有足够的时间访问接下来的节点 $\{s_{o(m+1)}, \cdots, s_{o(n)}\}$，须满足式 (6.11)。

接下来需要计算新增加的飞行站点 E 的位置。

假设调度路径的最近线段是 $(s_{o(m)}, s_{o(m+1)})$，并且该线段端点为 A、B，坐标分别为 (x_A, y_A)，(x_B, y_B) [图 6.6 (a)]。由于目标节点 s_i 为 (x_{s_i}, y_{s_i})，新的最佳飞行站点 $E=(x, y)$ 必须在以节点 s_i 为圆心、D_{dmax} 为半径的圆上 [图 6.6 (a)]。因此，当从 A 绕行到 B 经过 E 的距离函数 f 为

$$f=d(A, E)+d(E, B)=\left|\overrightarrow{AE}\right|+\left|\overrightarrow{EB}\right| \tag{6.12}$$

将 A、B、E 的坐标代入式 (6.12)，选择最佳飞行站点使 f 值最小，即

$$f = \sqrt{(x - x_A)^2 + (y - y_A)^2} + \sqrt{(x - x_B)^2 + (y - y_B)^2} \tag{6.13}$$

由于 $E=(x, y)$ 在圆上，因此：

$$(x - x_{s_i})^2 + (y - y_{s_i})^2 = D_{\text{dmax}}^2 \tag{6.14}$$

接着，建立一个以节点 s_i 为原点的笛卡尔坐标系 [图 6.6 (b)]，则

$$x = x_{s_i} + D_{\text{dmax}} \cos\theta, \quad y = y_{s_i} + D_{\text{dmax}} \sin\theta$$

令

$$d_A = \sqrt{(x_{s_i} + D_{\text{dmax}} \cos\theta - x_A)^2 + (y_{s_i} + D_{\text{dmax}} \sin\theta - y_A)^2}$$

$$d_B = \sqrt{(x_{s_i} + D_{\text{dmax}} \cos\theta - x_B)^2 + (y_{s_i} + D_{\text{dmax}} \sin\theta - y_B)^2}$$

将 d_A、d_B 代入式 (6.13)，得 $f = d_A + d_B$。

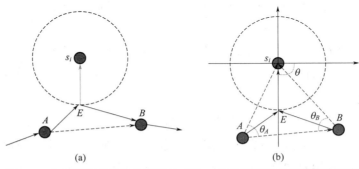

(a)   (b)

图 6.6　小车绕道到最近位置的站点为一个传感器节点提供充电服务

因此，在以 s_i 为圆心、D_{dmax} 为半径的圆上，从 A 绕行到 B 经过飞行站点 E 的最短距离为 $f = d_A + d_B$。

当节点 s_i 不满足式（6.8）～式（6.11）中任何一个不等式（如图 6.7 所示）时，在无人机经过最近位置到达节点 s_i 之前，节点 s_i 的能量已经耗尽。因此，可以调整飞行站点的位置，提前释放无人机，让 s_i 有机会得到及时的充电服务。

接下来，讨论在情况 3 中，如何确定飞行站点 E 的具体位置，以便提前释放无人机。如图 6.7 所示，在目标传感器 s_i 附近的（在小车的移动路径上）连续节点 A 和 B 构成一条线段。该线段可能相交［图 6.7（a）］，可能相切［图 6.7（b）］，也可能相离［图 6.7（c）］。通过定理 6.5 和定理 6.6，计算出飞行站点。

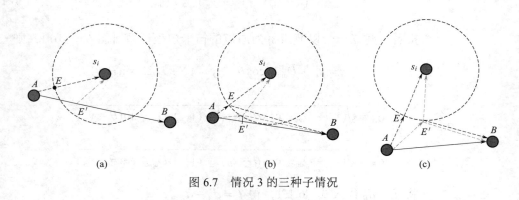

图 6.7　情况 3 的三种子情况

定理 6.5　对于情况 3，节点 s_i 的生命周期满足不等式（6.9）。

其中，小车的移动路径为 ｛基站 $=s_{o(0)}, s_{o(1)}, s_{o(2)}, \cdots, s_{o(m)}, E, s_{o(m+1)}, \cdots, s_{o(n)}$，基站｝，与目标传感器节点 s_i 距离最近的线段（由行程中两个连续的传感器节点组成）为 $(s_{o(m)}, s_{o(m+1)})$，该线段连接 A 到 s_i 并与 s_i 的飞行范围圆在飞行站点 E 相交。

证明：　当情况 3 发生时，可以在点 E（图 6.7）释放无人机。E 点是能够最早释放无人机的飞行站点，以便能及时为节点 s_i 提供充电服务。

假设线段 AB 上存在点 E'，E' 是线段 AB 上的任意一个与 A 不重合的点。考虑情况 3.1［图 6.7（a）］线段 AB 的 A 点与 E' 点之间存在某个点 E''，使得$d(E'',s_i)=D_{d\max}$。根据三角形不等式，则$d(A,s_i)=d(A,E)+d(E,s_i)<d(A,E'')+d(E'',s_i)<d(A,E')+d(E',s_i)$。

因为$v_c<v_d$，$d(E,s_i)=d(E'',s_i)=D_{d\max}$，所以$\dfrac{d(A,E)}{v_c}+\dfrac{d(E,s_i)}{v_d}<$

$\dfrac{d(A,E'')}{v_c}+\dfrac{d(E'',s_i)}{v_d}$，$\dfrac{d(A,E'')}{v_c}+\dfrac{d(E'',s_i)}{v_d}<\dfrac{d(A,E')}{v_c}+\dfrac{d(E',s_i)}{v_d}$。

因此，对于情况3.1来说，E是时间上最早的飞行站点。

如图6.7（b）和图6.7（c）所示（情况3.2和情况3.3），根据三角不等式，由于$d(E,s_i)=d(E',s_i)$，则$d(A,s_i)=d(A,E)+d(E,s_i)<d(A,E')+d(E',s_i)$。同样地，可以看出能够最早释放无人机的飞行站点为$E$点。

定理6.6 给定A点坐标(x_A,y_A)，s_i的坐标(x_{s_i},y_{s_i})，定理6.5中的E点坐标(x,y)满足下列条件：

① 如果$x_A<x_{s_i}-D_{d\max}\cos\left(\arctan\dfrac{-X}{Y}\right)<x_{s_i}$，则$x=x_{s_i}-D_{d\max}\cos$

$\left(\arctan\dfrac{-X}{Y}\right)$，否则$x=x_{s_i}+D_{d\max}\cos\left(\arctan\dfrac{-X}{Y}\right)$。

② 如果$y_A<y_{s_i}-D_{d\max}\sin\left(\arctan\dfrac{-X}{Y}\right)<y_{s_i}$，则$y=y_{s_i}-D_{d\max}\sin$

$\left(\arctan\dfrac{-X}{Y}\right)$，否则$y=y_{s_i}+D_{d\max}\sin\left(\arctan\dfrac{-X}{Y}\right)$，其中$X=(y_A-y_{s_i})$，

$Y=(x_{s_i}-x_A)$。

证明： 由于A、s_i和E在一条直线上，E在以s_i为圆心、$D_{d\max}$为半径的圆上，E点的坐标(x,y)满足下列等式。

$$(y_A-y_{s_i})x+(x_{s_i}-x_A)y+x_Ay_{s_i}-x_{s_i}y_A=0 \tag{6.15}$$

$$(x-x_{s_i})^2+(y-y_{s_i})^2=D_{d\max}^2 \tag{6.16}$$

令$Z=x_Ay_{s_i}-x_{s_i}y_A$，由于$X=(y_A-y_{s_i})$，$Y=(x_{s_i}-x_A)$，等式（6.15）可以调整为

$$Xx+Yy+Z=0 \tag{6.17}$$

令连接 A 和 s_i 的线段和一条垂线形成角 θ（图6.8），$\tan\theta = -\dfrac{X}{Y}$。当图6.8 (a) 的情况发生时，容易得到：$x = x_{s_i} - D_{\text{dmax}}\cos\theta$，$y = y_{s_i} - D_{\text{dmax}}\sin\theta$。当图6.8 (b) 的情况发生时，容易得到：$x = x_{s_i} + D_{\text{dmax}}\cos\theta$，$y = y_{s_i} + D_{\text{dmax}}\sin\theta$。

在这两种情况中，根据 y 值满足 $y_A < y < y_{s_i}$，或者 x 值满足 $x_A < x < x_{s_i}$ 来选取相应的 (x, y) 值。

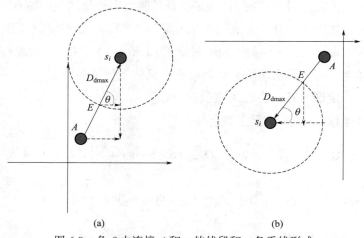

(a)　　　　　　　　　　　(b)

图6.8　角 θ 由连接 A 和 s_i 的线段和一条垂线形成

最后，图6.9中总结了利用定理6.2 ~ 定理6.6来计算为节点 s_i 提供充电服务的最佳飞行站点 p_{s_i}。

(3) 案例分析

本节通过研究一个全局案例来展示本章所提的混合调度方案的思想。假设 WRSN 有 10 个充电请求和两辆小车，每辆小车可以携带两架无人机，还有一架独立无人机 [图6.10 (a)]。该方案把所有的节点分成两个子集 S_1 和 S_2。在图6.10 (b) 中，该方案创建一个内圆，这样位于内圆的节点（如基站附近的节点 J）就由从基站出发的独立无人机直接提供充电服务。在图6.10 (c) 中，该方案为每个子集中的节点计算一个最小的外圆（圆心为 O_1，半径为 R_{out}），该外圆覆盖了子集中除了内圆的所有充电请求。在图6.10 (d) 中，中圈（红色的圆）圆心为 O_1，半径为 R_{mid}（低于 R_{out}）。

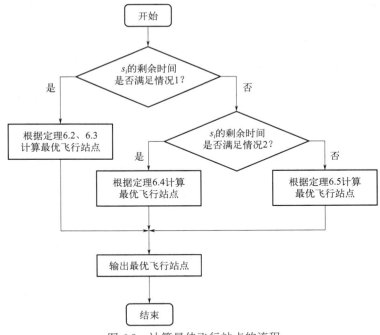

图 6.9　计算最佳飞行站点的流程

　　注意，如图 6.10（e）所示，两个圆之间的充电请求节点 A、B、C 和 D 由车载无人机提供充电服务。最后，在图 6.10（f）中创建了不同载具的充电调度。

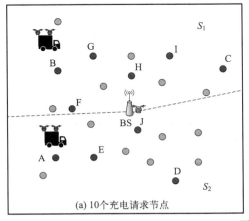

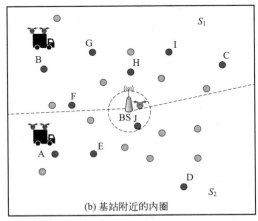

图 6.10

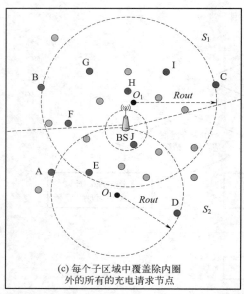

(c) 每个子区域中覆盖除内圈
外的所有的充电请求节点

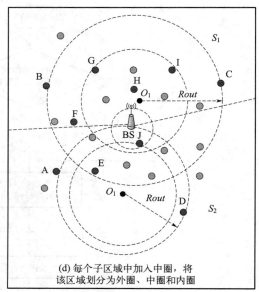

(d) 每个子区域中加入中圈，将
该区域划分为外圈、中圈和内圈

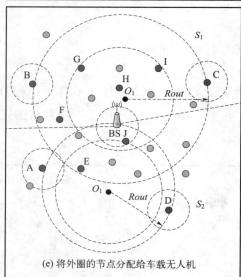

(e) 将外圈的节点分配给车载无人机

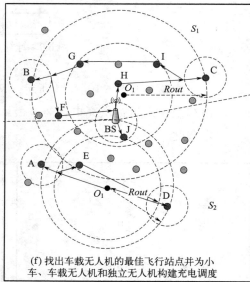

(f) 找出车载无人机的最佳飞行站点并为小
车、车载无人机和独立无人机构建充电调度

图 6.10　混合充电调度案例

6.2.4　第二种混合充电调度方案

　　第二种方案采用最长匹配距离优先的原则来设计混合充电调度。因此，分配节点给小车或车载无人机的过程如下所示。

这一步是设计除位于内圈的节点外的所有充电请求的分配方案。这一步最关键的是要确定哪些节点由小车负责提供充电服务，哪些节点由车载无人机负责提供充电服务。

定理 6.7 在任何充电调度中，由小车装载 m_d（$m\_d < |S/S_\mathrm{d}|$）架无人机，m_d 个远程节点最多可以由 m_d 架无人机充电。如果所有无人机都有分配到一个充电任务，则小车总的移动距离通过贪婪地选取下一个最近距离可以达到最小。

证明： 对于充电请求节点集 S，分配给小车或车载无人机充电的节点集用 S/S_d 表示。

反证法。当 m_d 个远程节点分配给 m_d 架车载无人机时，小车总的移动距离 l 不是最小。也就是说，这意味着存在另外一条有 m_d-i(i=1, 2, $\cdots$, m_d-1) 个远程节点分配给无人机的小车总的移动距离 l' 少于 l。

假设存在一条小车的最短移动路径：基站 $=s_{o(0)} \to s_{o(1)} \to s_{o(2)} \to \cdots \to s_{o(m)} \to s_i \to s_{o(m+1)} \to \cdots \to s_{o(n)}$，如图 6.11 所示。存在一架车载无人机 d 未被分配充电任务。因此，移动路径 l' 的长度为

$$l' = \sum_{j=0}^{m} d(s_{o(j)}, s_{o(j+1)}) + d(s_{o(m)}, s_i) + d(s_i, s_{o(m+1)}) + \sum_{j=0}^{o(n)} d(s_{o(j)}, s_{o(j+1)}) \qquad (6.18)$$

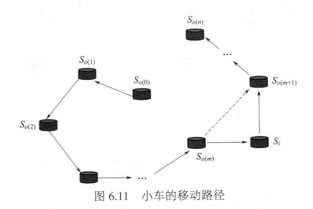

图 6.11　小车的移动路径

现在，假设 $d(s_i, s_{o(m+1)}) \leqslant D_{\mathrm{d\,max}}$，节点 s_i 可以分配到无人机 d，则

$$l = \sum_{j=0}^{m} d(s_{o(j)}, s_{o(j+1)}) + d(s_{o(m)}, s_{o(m+1)}) + \sum_{j=0}^{o(n)} d(s_{o(j)}, s_{o(j+1)}) \qquad (6.19)$$

然而，根据三角形不等式定理，$l' > l$，这个与假设相矛盾。因此，l 的确是小车的最优移动路径。

根据定理 6.7，当所有的车载无人机释放（即 m_d 个节点分配给 m_d 架车载无人机），小车总的移动距离达到最小。因此，应将所有可用的车载无人机全部分配给待充电节点（即每架车载无人机独立承担一个节点的充电任务），通过这种完全分配策略可使移动小车的总行驶距离最小化。

无人机任务分配步骤如下所示。

(1) 初始覆盖集的确定

这一步根据有充电请求的节点确定初始覆盖集。为了简化充电调度问题，定义了一种关系，即匹配对，用于合理地释放无人机。

定义 6.2 匹配对：给定两个充电请求的节点，分别是 s_u 和 s_v。如果 $d(s_u, s_v) \leqslant D_{d\max}$，则 s_u 和 s_v 是一对匹配对，用 (s_u, s_v) 表示；否则，s_u 和 s_v 不匹配。

图 6.12 是表示节点匹配情况的案例。在图 6.12（a）中，节点 v_i 和 u_j 是一个匹配对。反之，在图 6.12（b）中，节点 v_i 和 u_j 不是一个匹配对。

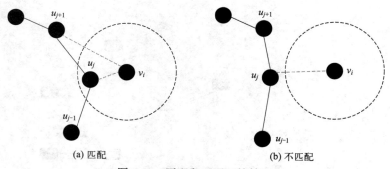

(a) 匹配　　　　　　　　　　　　　(b) 不匹配

图 6.12　匹配和不匹配的情况

更进一步，在图 6.13 中，存在匹配对 (u_1, v_1)、(u_1, v_2)、(u_2, v_2)、(u_3, v_3)、(u_4, v_4) 和 (v_1, v_5)。显然，这一步的充电调度问题就成为了一个集合覆盖问题。

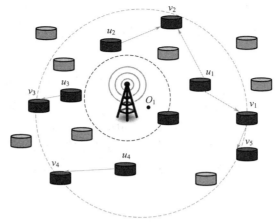

图 6.13　最初的匹配对

定义 6.3　覆盖：给定节点 v_i 和 u_j，如果它们是一个匹配对，则它们相互覆盖。

定义 6.4　近似集合覆盖问题：给定一个节点集 S，近似集合覆盖问题则定义为集合 S 的子集 C，集合 S 满足下列等式。

$$\bigcup_{u_j \in C} A_{u_j} = S - C \tag{6.20}$$

式中，A_{u_j} 表示一个节点集合，该节点集合中每个节点被 u_j 覆盖。

⑵　分配充电任务给无人机或小车

计算出最初的匹配后，本步骤通过一种贪心机制，即最长匹配距离优先（LDMF）原则来选择匹配对，从而使得小车的移动总路程最短。

首先，考虑距离最长的匹配对。在选择最长匹配对 (u, v) 时，比较节点 u 和 v 到基站的距离。如果节点 v 离基站较远，则将其分配给车载无人机，节点 u 则分配给小车。接着，在匹配对集合中删除与节点 v 相关的匹配对。重复上述步骤，直到没有更多的匹配对需要排序，或者分配给车载无人机的节点数量已经达到了一辆小车携带的无人机数量。

如图 6.13 所示，匹配距离最长的匹配对 (u_4, v_4) 被优先选择，然后是 (u_1, v_2)、(u_1, v_1) 等。

算法 6.3 描述了选择匹配对的过程。根据算法 6.3，步骤 1 最多花费

$O(N)$ 时间；步骤 2 和步骤 3 花费 $O(N)$ 时间；步骤 4 需循环执行步骤 1 ～ 3 最多 N 次，因此，算法 6.3 总的计算复杂度为 $O(N^2)$。

算法 6.3　分配充电任务给无人机或小车

输入：一个匹配对集 R、基站 O_1、车载无人机的数量 m_wcv, num=0。

输出：无人机任务集 S_{out_d} 和小车任务集 S_v。

步骤 1：在 R 中选择匹配距离最长的匹配对 $r=(u, v)$。

步骤 2：计算 $d(u, O_1)$ 和 $d(v, O_2)$。

步骤 3：如果 $d(u, O_1) < d(v, O_2)$，$u \rightarrow S_v$，$v \rightarrow S_{out\_d}$，num++，$R=R-r$。否则，$v \rightarrow S_v$，$u \rightarrow S_{out\_d}$，num++，$R=R-r$。

步骤 4：如果 num $<$ m_wcv 或者 $R \neq \varnothing$

　　　　　跳转到步骤 1

步骤 5：$S_v = S_v \bigcup (S - S_d - S_{out\_d} - S_v)$。

步骤 6：输出 S_{out_d} 和 S_v。

⑶　为剩余的车载无人机随机分配节点

如果无人机没有在第 ⑵ 小段的步骤中分配，那么所有剩余的无人机都会在这一小段的步骤中被分配掉。考虑到靠近基站的节点承担较多的转发任务，能耗较高，该方案在小车移动出内圈时，就采用随机算法选择几个没有充电请求的节点，由剩余车载无人机提供充电服务。

定理 6.8　给定基站 O_1 的坐标 (x_1, y_1)，以及离 O_1 最近的节点 u 的坐标 (x_2, y_2)，则释放点 p 的坐标 (x, y) 如下所示：

$$x = x_1 + D_{d\max} \sin\left(\arctan\frac{y_1 - y_2}{x_1 - x_2}\right) \tag{6.21}$$

$$y = y_1 + D_{d\max} \sin\left(\arctan\frac{y_1 - y_2}{x_1 - x_2}\right) \tag{6.22}$$

如图 6.14 所示，点 p 是一个无人机的释放点，随机选中节点 s 由一架剩余无人机提供充电服务。

算法 6.4 描述了剩余无人机随机分配过程。步骤 1、步骤 2 和步骤 3 最多分别花费 $O(N)$ 时间。因此，算法 6.4 总的计算复杂度为 $O(N)$。

算法 6.4　为剩余的车载无人机随机分配节点

输入：无人机的最长飞行距离 D_{dmax}、基站 O_1 的坐标、车载无人机数 m_wcv、除去充电请求节点的所有部署的节点集 $V-S$、车载无人机服务节点集 S_{out_d} 和小车服务节点集 S_v。

输出：车载无人机服务节点集 S_{out_d}。

步骤 1：在 S_v 中选择最靠近 O_1 的节点 u。

步骤 2：计算线段 O_1u 上的释放点 p。

步骤 3：对于 i 等于 1 到 $m\_wcv-|S_{out\_d}|$，在 $V-S$ 中距离点 p 在 D_{dmax} 范围内随机选择一个节点 v，$v \rightarrow S_{out\_d}$。

步骤 4：输出 S_{out_d}。

⑷　为小车创建最终的移动路径

这里主要是通过贪婪算法在 S_v 中依次选择最近的节点来创建小车的最终移动轨迹。例如，在图 6.14 中，小车的最终移动轨迹为：$O_1 \rightarrow v_1 \rightarrow u_1 \rightarrow u_2 \rightarrow u_3 \rightarrow u_4 \rightarrow O_1$。

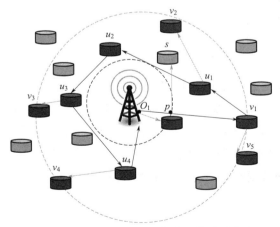

图 6.14　小车和车载无人机的最终移动轨迹

算法 6.5 描述了调整小车的移动过程。算法 6.5 总的计算复杂度为 $O(N^2)$。

算法 6.5　为小车创建最终的移动路径

输入：请求节点集 S_v、外圈的中心点 O_1。

输出：小车的移动路径 $\varPi$。

步骤 1：令 $\varPi = \varnothing$，$v = O_1$。

步骤 2：在集合 S_v 中选择一个离节点 u 的最近距离，$\varPi \leftarrow \varPi \cup \{u\}$；$S_d = S_d / u$；$v = u$。

步骤 3：如果 $S_d \neq \varnothing$，跳到步骤 2。

步骤 4：输出 $\varPi$。

6.3
仿真结果

在本节中，通过无线可充电传感器网络的仿真研究得到的实验结果，表明了所提出的模型和本章方案的可行性和优越性。

6.3.1　仿真环境设置

仿真环境设置一个大型的 WRSN。1000 个传感器节点随机分布在半径为 500m 的圆形感测区域内。基站部署在圆形感测区域的中心，坐标为 (500m，500m)。仿真由 Visual Studio C# 2017 实现和执行，并在配置 i5-3470 核心的 CPU（3.2GHz）和 16GB RAM 的计算机上运行。基于文献 [65] 中的能量收集模型，建立一棵梯度路由树。节点通过多跳信息传递的方式向基站发送数据包。当发送和接收 l 位数据到距离 d 处，消耗能量分别为 $E_{Tx}(l, d)$ 和 $E_{Rx}(l)$，即

$$E_{Tx}(l, d) = lE_{elec} + l\varepsilon_{fs}d^2 \tag{6.23}$$

$$E_{Rx}(l) = lE_{elec} \tag{6.24}$$

式中，E_{elec} 为电子能，其值设为 50nJ/bit；ε_{fs} 为放大器能量系数，其值设为 $10pJ/(bit \cdot m^2)$。

在仿真实验中，每个节点随机分配一个负载，该负载值在 $[0, x/n]$ 之间均匀分布。x 是节点的感测事件数，即每个节点每秒随机产生一个数据包，概率在 $[0, x/n]$ 之内。注意，x 值越大，实验仿真中网络越繁忙。每个节点初始能量值最大。当一个节点的剩余能量低于预设阈值 ϕ_{sn} 时，某个节点 s_i 发送的充电请求包含节点 ID、r_i、剩余生命周期 L_i^k 和发送充电请求时间。所有的仿真结果是三十次实验结果的平均值。系统参数如表 6.1 所示。实验中设置请求数据包的长度为固定值 10KB。一跳的数据包传送时间设为 0.01s。

表 6.1　仿真参数

参数	值
仿真时间 /s	100000
网络感测区域规模 /m²	$\pi \times 500 \times 500$
节点数量	1000
小车数量	1 ~ 5
车载无人机数量	1 ~ 5
小车的能量 /J	100000
无人机的电池能量 /J	300
节点的电池能量 /J	100
无人机的速度 / (m/s)	25 ~ 50
小车的速度 / (m/s)	5
节点的能量阈值 /%	30
无人机飞行时的能量消耗 / (J/m)	10
无人机盘旋时为节点充电的能量消耗 / (J/s)	1
小车移动时的能量消耗 / (J/m)	10
充电率 / (J/s)	5

参数	值
节点的初始能量 /%	100
网络负荷 / (事件数 /s)	50
节点的传送范围 /m	60
包长度 /KB	10
一跳的数据包传送时间 /s	0.01

6.3.2　性能指标

第一部分仿真实验将讨论无人机和网络参数对所提混合充电调度方案的影响。第二部分验证了所提充电调度方案的可行性和优越性。与仿真实验相关的几个性能指标定义如下：

① WRSN 的生命周期：指系统启动时间与 WRSN 中第一个节点死亡时间之间的差值。然而，即使出现第一个死亡节点，实验仍继续运行。该指标是评估所提充电调度方案性能的重要指标之一。

② 充电请求包的数量：指传感器节点在网络运行过程中产生的充电请求包的数量。产生的充电请求包越多，网络的负荷就越大。另外，在相同的负荷下，产生的充电请求包的数量越多，意味着需要承担的系统开销和充电任务都更多。

③ 及时充电节点的百分比：指在网络运行过程中，及时充电节点总数与基站接收到的充电请求数之比。及时充电节点的百分比越高，网络的生命周期就越长。

④ 数据包成功传送的百分比：指数据包成功到达目的地的百分比。发送的数据包成功传送的百分比越高，说明网络通信越可靠。

除此之外，仿真的第一部分还采用了以下指标来观察三种不同的充电载具在充电调度方案中的充电效果。

① 内圈及时充电节点的百分比：指独立无人机从基站出发及时充电的

节点数占内圈中计划充电请求的节点总数（即及时充电和延迟充电的节点总数和）的百分比。由于热点效应，内圈中的节点负责转发数据包。如果不能及时对内圈中的大多数节点进行充电，将会导致更多的数据包无法传输到基站，从而严重影响网络通信质量。因此，内圈及时充电节点的百分比越高，说明网络通信质量越好。

② 小车及时充电节点数的百分比：指小车及时充电的节点数占分配给小车的节点总数的百分比。

③ 车载无人机及时充电的节点的百分比：指车载无人机及时充电的节点数占分配给车载无人机的节点总数的百分比。

6.3.3 无人机和网络参数在混合充电调度方案中的影响

第一个仿真实验是为了评估车载无人机数量和网络参数对混合调度方案的影响。为了加快实验进度，将运行时间限制为 50000s，其他参数如表 6.1 所示。

(1) 车载无人机数量对网络性能的影响

实验通过在网络繁忙的环境下，观察车载无人机数量从 1 变化到 5 时对网络性能的影响。无人机的飞行速度保持在 35m/s，由第一个和第二个方案得到的实验结果分别如图 6.15（a）和图 6.16（a）所示。

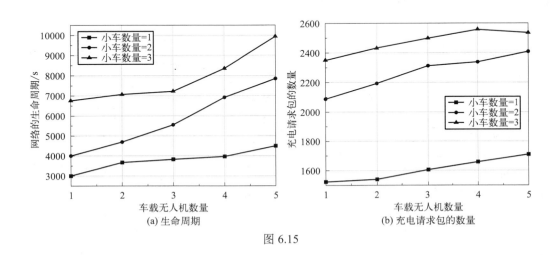

图 6.15

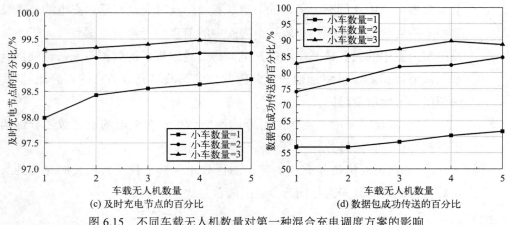

(c) 及时充电节点的百分比　　　　　　(d) 数据包成功传送的百分比

图 6.15　不同车载无人机数量对第一种混合充电调度方案的影响

从图 6.15（a）和图 6.16（a）中可以看出，在使用相同小车数量的情况下，网络的生命周期随着车载无人机数量的增加而延长。小车数量越多，网络的生命周期越长。这意味着小车及装载无人机的数量越多，在给定时间内可以满足的充电请求就越多。从图 6.15（b）～（d）和图 6.16（b）～（d）中可以看出，当车载无人机的数量增加时，产生的充电请求包数、及时充电节点的百分比、数据包成功传送的百分比的曲线与网络的生命周期类似。注意，除了将第一个死亡节点产生的时间记录为网络的生命周期，其他性能指标将在整个仿真过程中进行统计。

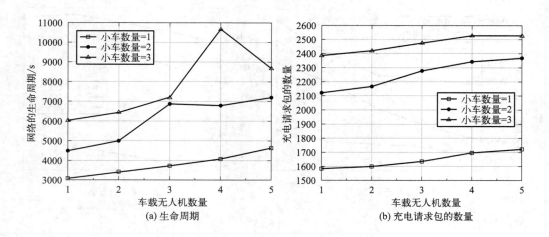

(a) 生命周期　　　　　　　　　　　(b) 充电请求包的数量

　无线可充电传感网中的充电调度技术

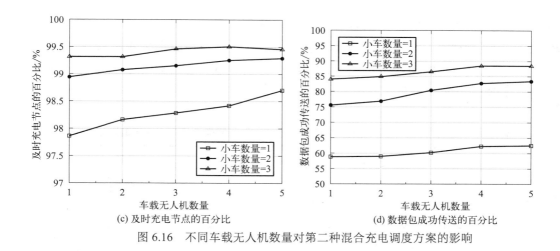

（c）及时充电节点的百分比   （d）数据包成功传送的百分比

图 6.16   不同车载无人机数量对第二种混合充电调度方案的影响

当车载无人机数量和小车数量达到较大值（分别为 5 和 3）时，产生的充电请求包数量、及时充电节点的百分比和数据包成功传送的百分比都略有下降。其原因是，在第一个死亡节点出现后，派出了更多的车载无人机，使得外环中更多的死亡节点再次活跃起来。此时，有更多的充电请求包被发送到基站，这样靠近基站的节点会因为热点效应的影响而死亡。因此，传输的数据包数量和成功充电的节点数量下降。后续部分充电请求包发送到基站失败。

（2）混合充电载具数量对网络性能的影响

为了观测混合充电载具在 WRSN 中总使用数量对网络性能的影响，在网络的繁忙情况下，改变混合充电载具的总数（在 3 ~ 13 之间变化）进行仿真实验。总数为 3 和 5 只有一种混合载具配置情况；总数为 7 ~ 11 有两种混合载具配置情况；总数为 13 有三种混合载具配置情况。无人机的飞行速度保持在 35m/s。

表 6.2 和表 6.3 描述了两种方案获得的网络性能。从这两张表中可以看出，随着小车和无人机总数的增加，网络的生命周期也增加，这是因为充电载具增加，可以为更多的节点提供及时的充电服务。

此外，由于小车与车载无人机之间的密切协作，当小车数量相同时，车载无人机的数量越多，网络的生命周期越长。同样地，当混合载具的数量相同时，配置小车数量多的网络的生命周期更长。

从表 6.2、表 6.3 中还可以看出，其他三种性能指标和生命周期相同，也是充电载具总数越多，性能越好。在充电载具总数量相同时，配置小车数量多的网络性能更好。

表 6.2 数量不同的充电载具下第一种混合充电调度方案获得的网络性能

混合移动载具总数	小车总数	车载无人机的数量	内圈无人机数量	生命周期/s	充电请求包数量	数据包成功传送的百分比/%	及时充电节点的百分比/%
3	1	1	1	2997.10	1520.30	56.74	97.98
5	2	1	1	3965.93	2085.80	74.13	99.00
7	2	2	1	4687.73	2193.90	77.77	99.14
	3	1	1	6759.87	2351.93	82.88	99.29
9	2	3	1	5544.83	2311.37	81.90	99.15
	4	1	1	9630.60	2485.90	86.76	99.38
11	2	4	1	6900.47	2336.87	82.33	99.23
	5	1	1	10545.60	2500.90	86.91	99.56
13	2	5	1	7829.90	2406.53	84.70	99.23
	3	3	1	7213.83	2498.27	87.25	99.39
	4	2	1	8781.97	2526.23	88.05	99.57

注：混合移动载具总数 = 小车总数 + 小车总数 × 车载无人机的数量 + 内圈无人机数量。

表 6.3 数量不同的充电载具下第二种混合充电调度方案获得的网络性能

混合移动载具总数	小车总数	车载无人机的数量	内圈无人机数量	生命周期/s	充电请求包数量	数据包成功传送的百分比/%	及时充电节点的百分比/%
3	1	1	1	3083.80	1583.73	58.91	97.86
5	2	1	1	4509.77	2120.07	75.55	98.94
7	2	2	1	5002.73	2167.20	76.95	99.07
	3	1	1	6034.07	2383.67	84.03	99.31

混合移动载具总数	小车总数	车载无人机的数量	内圈无人机数量	生命周期/s	充电请求包数量	数据包成功传送的百分比/%	及时充电节点的百分比/%
9	2	3	1	6874.40	2276.17	80.37	99.15
	4	1	1	10014.20	2505.30	87.35	99.50
11	2	4	1	6792.17	2342.83	82.73	99.25
	5	1	1	10721.67	2510.13	87.15	99.53
13	2	5	1	8660.57	2525.97	88.40	99.45
	3	3	1	7196.97	2471.30	86.48	99.46
	4	2	1	9651.77	2578.40	89.86	99.46

6.3.4　与其他充电调度方案的比较

本节将混合充电调度方案与传统的时间和距离优先的原则（TADP）[111]和 EDF 调度方案进行比较。在采用多辆小车的方案中，节点的分群方案与所提的混合调度方案的分群类似。此外，三种方案使用的小车总数与本章所提方案的混合充电载具总数一致。在接下来的实验仿真中，无人机的飞行速度保持在 35m/s。

在网络适中 [0, 30/n] 和网络繁忙 [0, 50/n] 的情况下，分别比较了采用所提方案和传统方案得到的网络性能。图 6.17 ~ 图 6.20 分别是网络适中和繁忙情况下的仿真实验结果。一般来说，当小车总数达到 5 时，三个方案的性能指标相当。当小车总数达到 5 以上时，本章所提方案（图 6.17 ~ 图 6.20中用 First Hybrid 和 Second Hybrid 分别表示第一种和第二种混合充电调度方案）优于 EDF 和 TADP。

在图 6.17 中，随着混合充电载具的数量增加，采用混合充电调度方案得到的生命周期增加得更快。在适中和繁忙的网络中，充电载具总数在 3 ~ 13之间时，EDF 和 TADP 增长缓慢，所得到的网络性能几乎相同。当混合充电载具数量达到 13 时，在适中的网络中，混合充电调度方案的生命周期几乎是 EDF 和 TADP 方案的两倍，而在繁忙的网络中，可以高达三倍。

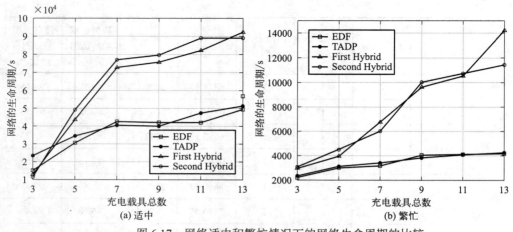

图 6.17　网络适中和繁忙情况下的网络生命周期的比较

在图 6.18 中，随着充电载具总数的增加，生成的充电请求包数量也在增加，但在网络适中和繁忙的情况下，当充电载具的数量达到 7 时，混合充电调度方案生成的充电请求包数量大于 EDF 和 TADP。也就是说，当采用混合充电调度方案时，网络中大多数节点都能正常工作并生成充电请求。然而，当采用 EDF 或 TADP 方案时，由于部分节点的电池能量不足，一些节点无法生成充电请求数据包。

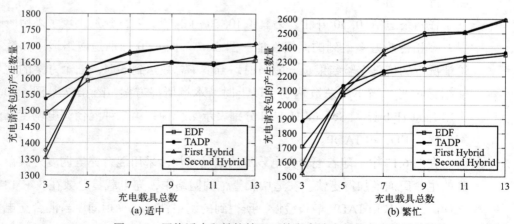

图 6.18　网络适中和繁忙情况下的充电请求包的产生数量的比较

在图 6.19 中，随着充电载具总数的增加，及时充电节点的百分比也随之增加。当混合载具总数大于 5 时，混合充电调度方案中及时充电节点的百分比高于 EDF 和 TADP 方案。在网络适中的情况下，当充电载具总数增加时，混合充电调度方案与 EDF 和 TADP 之间的差距更大。但是，当网络繁忙时，由于内圈的热点效应，差距明显变小。

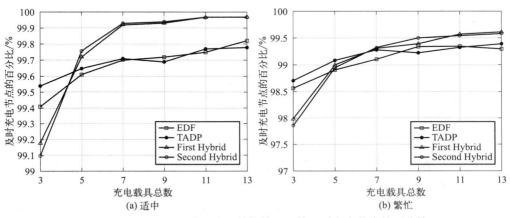

图 6.19　网络适中和繁忙情况下的及时充电节点的百分比

在图 6.20 中，数据包成功传送的百分比随着充电载具的增加而增加。

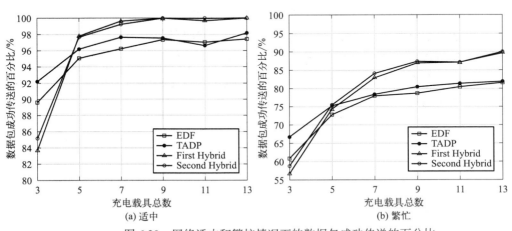

图 6.20　网络适中和繁忙情况下的数据包成功传送的百分比

当充电载具的总数大于 5 时，混合充电调度方案得到的数据包成功传送的百分比高于 EDF 和 TADP 方案，并且随着数量的增加，它们之间的差距也逐渐增大。

6.4
本章小结

本章提出一种新的 WRSN 模型。该模型采用小车、车载无人机和独立无人机来构建更高效的混合充电系统。本章还将新的充电调度问题表述为一个线性规划问题，其目标是在保证每个请求节点都能得到及时充电的前提下，使每次充电调度总时间最短。

该混合方案首先根据小车的数量将节点划分为多个群。然后，第一种方案根据一个充电周期内的充电请求将每个子区域划分为三个圆形子区域（环）。位于内圈的节点由独立的无人机直接充电；位于中圈的节点由小车充电；位于外圈的节点由车载无人机充电。第二种方案是按照先匹配距离最长的原则在外圈区域分配节点。大量的仿真结果表明了该方案具有有效性和优越性。

未来，以延长 WRSN 的生命周期为目的，寻找感测区域的最优划分方案。本章的研究工作没有考虑如何有效地回收备用无人机。有效的无人机回收算法可以用于降低部署大规模 WRSN 的成本。此外，如何设计一个更复杂的充电系统，使多个小车与多个车载无人机无缝协同工作是另一个需要考虑的挑战。

第 **7** 章

无线充电小车、充电板与
无人机的混合充电调度方案

只采用小车为节点充电的调度方案存在两个明显的缺点：一是小车移动速度较慢，当网络部署在大规模的特殊区域且网络同时产生大量的充电请求时，会因为小车的速度限制导致部分节点无法得到及时充电服务；另一个是移动受限，由于移动受限，小车无法到达没有道路的森林、无人居住的火山或湖泊等地形复杂的区域为节点充电，从而影响了网络的持续运行。

近年来，无人机快速发展，已经有些场合考虑使用无人机为节点提供充电服务。无人机的飞行速度可以达到 161 ~ 465.29km/h，速度是小车速度的五倍多。其优点是可以直接飞越障碍物，虽然无人机可以克服小车的两个缺陷，但是由于电池容量小，仍然限制了其飞行距离和充电节点的数量，从而限制了无人机在大型 WRSN 中的应用。

第 6 章所提的方案综合考虑了小车和无人机的优缺点，同时也通过仿真实验验证了它是一种保持 WRSN 持续运行的可行性方案。然而，在混合充电系统中，车载无人机只能执行短距离的充电任务。因此，第 5 章所提的混合充电系统仍然受限于更大规模、更复杂和更宽广的领域，例如几个小岛组成的中部地区。

本章提出了一种新型的混合 WRSN 模型。该模型的充电系统包含单辆小车、多架车载无人机及一组无线充电板，它们共同协作为宽广及复杂的区域中部署的传感器节点提供充电服务。充电板可以为无人机提供额外的能量补充服务。借助于无线充电板，无人机可以为更远范围的节点提供充电服务。然而，无人机的飞行依赖于小车和充电板，应该仔细考虑小车、无人机和充电板共同协作的充电调度的设计。为了降低成本，也应该考虑所需充电板的最小数量 K 和充电板的部署位置。因此，该新型 WRSN 系统需要考虑的问题如下：

① 如何将感测区域划分为三个子区域，即无人机区域、小车区域和无人机充电板区域。位于无人机区域的节点由停靠在基站的无人机直接提供充电服务；位于小车区域的节点由小车提供充电服务；位于无人机充电板协作服务的区域由车载无人机提供充电服务。

② 如何计算所需充电板的最小数量 K 并确定充电板的部署位置。

③ 如何确定小车和无人机的充电调度。

本章的主要贡献如下：

① 本章首先提出了一种新型的 WRSN 系统模型，该模型采用单辆小车、多架车载无人机和一组无线充电板，协同给传感器节点提供充电服务。新的充电系统能够缓解小车的移动受地形限制，解决无人机的能量有限的问题。

② 充电板可以为无人机提供额外的能量，使得无人机可以更进一步执行更远范围的充电任务。因此，本章提出了充电板部署问题，并设计三种启发式算法来确定所需充电板的数量和充电板的位置。在此基础之上，提出了基于小车的充电调度算法，除此之外，本章还考虑了无人机的飞行路径设计。

③ 最后，通过大量的仿真实验来评估求解 K 个充电板算法的性能。然后，也对协作式混合充电调度方案进行了大量的仿真实验。

7.1
系统模型

本节将详细描述新型 WRSN 的系统模型架构和组成。

所提新型的 WRSN 模型如图 7.1 所示。该系统由一个基站、一组节点、数个充电板和一辆小车、小车装载数架车载无人机组成。网络假设如下：

① 本章采用的感测区域拓扑结构与第 5 章、第 6 章所述存在显著差异。如图 7.1 所示，该区域以一个大岛（图中白色区域）为核心，周边海域分布着若干小岛（浅灰色节点所在区域）。位于大岛上的节点可通过小车或无人机提供充电服务，但位于小岛上的节点仅由车载无人机提供充电服务，因为小车无法到达这些岛。

② 基站位于大岛的中心，是网络的数据收集中心及小车和无人机的服务站。基站计算小车和无人机的充电调度。当充电调度确定后，基站将充电请求节点和充电板的坐标通知给小车和无人机，然后小车根据充电调度移动到节点附近提供充电服务。此外，无人机在充电板的辅助下给传感器节点提供充电服务。完成充电任务后，小车返回到基站，等待下一个充电任务。

③ 无人机直接并逐个为节点提供充电服务。然而，当它们的能量低于

预设阈值时，无人机需要飞到邻近的充电板来补充电能。

④ 在给定的部署区域内，充电板是静态放置的，并能与无人机自动连接，在无人机降落时为其提供充电服务。假设每个充电板在任意时刻只能允许一架无人机着陆充电。

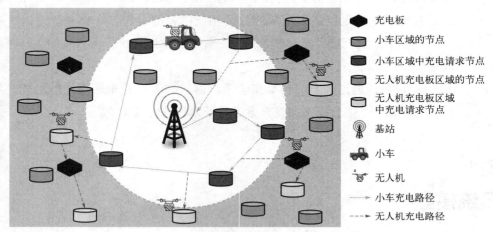

图 7.1　所提新型 WRSN 模型

新型系统模型在大规模且复杂的 WRSN 系统中使用一辆小车装载多架无人机，以及 K 个充电板共同协作，为有充电请求的节点提供充电服务。也就是说，每个节点由小车或无人机提供服务。携带 m 架无人机的小车从基站出发，按预设的充电调度顺序依次访问节点。当小车停留在某个位置时，一架无人机飞行到岛上或多个远程节点附近进行充电服务。如果节点位于飞行范围之外，无人机可能需要降落在一个充电板上充电，以便在执行任务期间获得额外的能量。

7.2
分区方式

本节提出了一种有效的分区方式。该方式将感测区域分为三个子区域，分别是内圈（无人机区域）、小车区域和无人机充电板区域。

7.2.1　内圈

与第 6 章类似，内圈区域是以基站为中心、$D_{dmax}/2$ 为半径的圆形区域。落在内圈的节点由停留在基站的独立无人机提供充电服务。无人机从基站起飞，为节点充电，完成任务后返回基站。

7.2.2　小车区域

用一个中间环来划分小车区域，位于中间环的充电请求节点由小车提供充电服务。本节提出了一种计算中间圆的方案，该中间圆以基站为中心，圆半径由小车的电池容量和充电请求节点的平均数量决定。

首先，小车总的最长移动距离计算如下：

$$C_{total} = \frac{e_d - n_{ml} \times e_i}{p_{WCV}} \tag{7.1}$$

然后，根据文献 [112] 中的预估小车路径计算方案，可以粗略地预估中圈的区域面积，即

$$AR_{ml} = \frac{C_{total}}{2\sqrt{\dfrac{AR(A)}{\pi N}}} \times \frac{AR(A)}{N} \tag{7.2}$$

式中，$AR(A)$ 是整个感测区域的面积。

最后，中圈的半径粗略计算如下：

$$R_{ml} = \sqrt{\frac{AR_{ml}}{\pi}} \tag{7.3}$$

7.2.3　无人机充电板区域

无人机充电板区域位于中圈的外面。坐落于该子区域的节点由车载无人机提供充电服务。对于一些较远的节点，无人机从小车区域出发时，不能直

接到达该节点。因此，需要在该区域部署一些充电板。充电板的部署方案将在 7.3 节中进行描述。

7.3
充电板的部署方案

在本章所提的 WRSN 模型中，充电板的部署对 WRSN 的性能影响很大。因此，如何在无人机充电板区域内部署最小数量的充电板是本章需要解决的重要问题。

定义 7.1 充电板部署问题：给定一个小车区域和一组位于无人机充电板区域的节点及其坐标。充电板部署的任务是推算出最小 K 个充电板及其坐标，使得对于无人机充电板区域的每个节点，至少存在一条从小车区域中某个无人机站点 s_{api} 到该节点的无人机飞行路径。

充电板部署问题要求在无人机充电板区域选择 K 个位置，并在每个选定的位置部署一个充电板，以便部署的充电板支持从小车区域的某个 s_{api} 到无人机充电板区域的每个节点至少存在一条连接的飞行路径，因为无人机可能需要借助充电板补充能量才能飞到每个节点。

由于无人机飞行距离的限制，无人机的剩余能量需要保证能够到达最近的充电板进行能量补充。一条可行性充电飞行路径定义如下：

定义 7.2 给定固定的飞行距离限制 D_{dmax}，当且仅当 $d(p_l, s) \leqslant D_{dmax}/2$，$d(p_j, p_{j+1}) \leqslant D_{dmax}(0 \leqslant j \leqslant l)$，一条飞行路径 $s_{api} = p_0 \rightarrow p_j \rightarrow p_{j+1} \rightarrow \cdots \rightarrow p_l \rightarrow s$ 被称为可行性路径。

可行性路径确保无人机在受飞行距离限制的情况下，可以完成它们分配的充电任务。本章在无人机充电板区域部署 K 个充电板，以便对于无人机充电板区的每个请求节点 s，从 s_{ap} 到 s，总是存在一条可行性充电路径。

定义 7.3 受飞行距离限制的充电板部署问题。给定一个小车区域、一组位于无人机充电板区域的节点及其坐标和最长飞行距离 D_{dmax}，该问题就是找到最小数量的充电板及它们的坐标，使得对于无人机充电板区域中的某个节点，存在一条可行性飞行路径，即从小车区域中某个飞行站点 s_{api} 出发到该节点。

显然，受飞行距离限制的充电板部署问题简化为一个新的充电板部署问题。最初，对飞行距离限制问题的充电板部署似乎很困难，因为对于一个特定的传感器，存在许多可能的可行性路径，而且无人机充电板区域有可能是由几个离散的区域组成的。因而，下面的解决方案可以以一种有效的方式间接地解决这个问题。

定义 7.4 给定一个小车区域和一组位于无人机充电板区域的节点的坐标，充电板覆盖问题就是找到一个最少数量的充电板集合 $\{p_1, p_2, \cdots, p_K\}$，该充电板集合需要满足以下两个条件。

条件 (1)：对于 $S\text{-}S_{WCV}$ 中的每个节点 s_i，在充电板集合 $\{p_1, p_2, \cdots, p_K\}$ 中至少存在一个充电板 p_j，使得 $d(s_i, p_j) \leqslant D_{dmax}/2$，这里就称为 p_j 覆盖 s_i。

条件 (2)：构建的图分为数个连接子图，其中 $V=\{p_1, p_2, \cdots, p_K\}$，$(p_i, p_j) \in E$ 当且仅当 $p_i \in V$、$p_j \in V$ 时，$d(p_i, p_j) \leqslant D_{dmax}$。

以 $D_{dmax}/2$ 为半径的圆表示无人机充电板区域。条件 (1) 确保每个传感器节点 s 附近至少存在一个充电板 p_i，该充电板 p_i 支持无人机飞到节点 s 完成指定的充电任务，然后再飞回 p_i。直观地说，充电板覆盖问题使用最小数量的圆来覆盖所有传感器节点。

另外，条件 (2) 确保无人机可以到达部署子区域内的每个充电板。由于任意两个充电板的距离小于 D_{dmax}，一架无人机能够直接从一个充电板飞到另一个充电板补充能量，然后飞到下一个目的地。重复上述过程，无人机可以飞到任意一块充电板，取决于无人机充电板区域的子图的潜在连接性。根据第 5 章的定理 5.1，找到充电板覆盖问题的解决方案就可以解决飞行距离受限的充电板部署问题。

与第 5 章不同的是，本章的充电板部署问题受限于小车区域和无人机充电板区域的联系，同时在设计部署方案的时候需要考虑该联系。

一般说来，当确定一条可行性飞行路径时，根据无人机充电板区域的节点位置，存在如下三种可能性情况。

情况 1：节点位于无人机充电板区域中，与基站的距离在 $R \sim R+D_{dmax}/2$ 之间。

情况 2：节点位于无人机充电板区域中，与基站的距离在 $R+D_{\text{dmax}}/2$ ~ $R+D_{\text{dmax}}$ 之间。

情况 3：节点位于无人机充电板区域中，与基站的距离超过 $R+D_{\text{dmax}}$。

定理 7.1　当产生情况 1 时，在小车区存在某个飞行站点 s_{ap}，从该站点到这个节点存在一条直飞路径。

证明：如图 7.2 所示，节点 s 位于离基站的距离小于 $R+D_{\text{dmax}}/2$ 处，根据定理 6.4，小车能释放一架无人机直接从小车区域的点 s_{ap} 去给该节点充电，然后飞回点 s_{ap}。

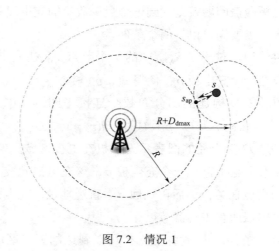

图 7.2　情况 1

定理 7.2　当产生情况 2 时，当且仅当节点 s 被位于距离基站 R 和 $R+D_{\text{dmax}}$ 之间的充电板覆盖时，在某个飞行站点 s_{ap} 到 s，存在一条可行性飞行路线。

证明：对于无人机充电板区域中位于距离基站 $R+D_{\text{dmax}}/2$（图 7.3 中灰色的圈）和 $R+D_{\text{dmax}}$（图 7.3 中黑色的圈）之间的一个节点 s_i，根据第 5 章中的定理 5.4，无人机不能直接飞到节点 s_i，因为如果该无人机直接飞向该节点，它的剩余能量不足以支撑它返回小车区域（图 7.3 中浅灰色虚线圈）中的飞行站点 s_{ap}'。

如果该节点被一个位于距离基站 R 和 $R+D_{\text{dmax}}$ 范围内的充电板覆盖，则存在一条可行性飞行路径 $s_{\text{ap}} \rightarrow p_i \rightarrow s \rightarrow p_i \rightarrow s_{\text{ap}}$。（图 7.3 虚线点箭头）。

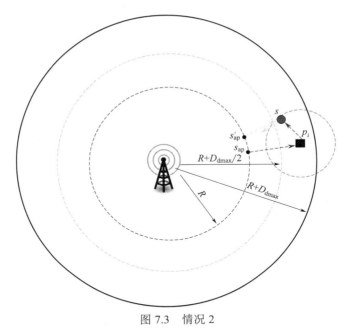

图 7.3　情况 2

定理 7.3　当产生情况 3 时，当且仅当节点 s 被至少一个充电板相连，该充电板跟距离基站 R 和 $R+D_{dmax}$ 范围内的某个充电板有一条连接路径，那么从某个飞行站点 s_{ap} 到节点 s 存在一条可行性的飞行路径。

证明：　当发生情况 3 时，假设节点 s 由一个充电板 p_j 覆盖，该充电板没有一条完整路径连到距离基站 R 和 $R+D_{dmax}$ 范围内的一个充电板。显然，一架无人机不能从小车区域里的某个飞行站点 s_{ap} 飞到节点 s。相反，如果覆盖的充电板 p_j 有一条路径连接到位于距离基站 R 和 $R+D_{dmax}$ 范围内某个充电板，则从飞行站点 s_{ap} 到节点 s 存在一条可行性飞行路径（图 7.4 虚线点箭头）。

因此，图 7.5 合并了三种情况。注意，满足情况 1 的节点涂上白色；满足情况 2 的节点涂上浅灰色网格；满足情况 3 的节点涂上深灰色网格。

在定理 7.1 ~ 定理 7.3 的指导下，合并定义 7.1 ~ 定义 7.4，在 7.3.1 节中，可以对这个问题做出线性规划。在 7.3.2 节 ~ 7.3.4 节中将会描述该问题的有效部署方案的设计过程。

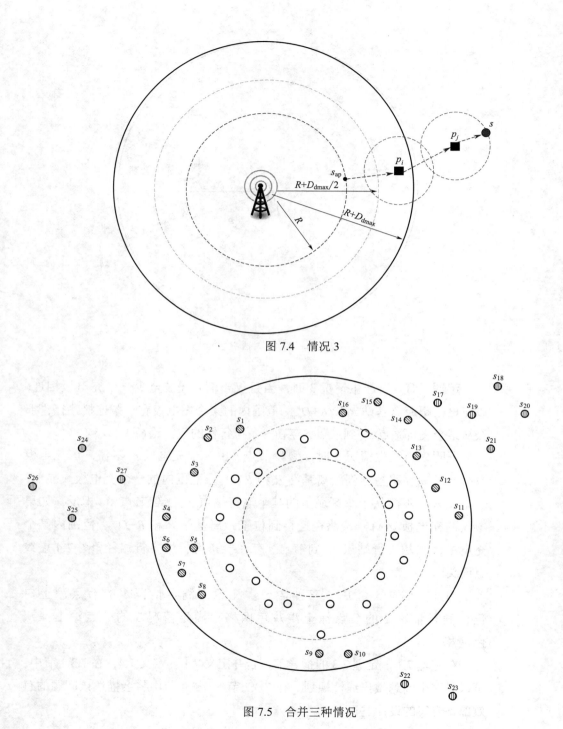

图 7.4 情况 3

图 7.5 合并三种情况

7.3.1 充电板部署问题的数学模型

本小节将把充电板部署问题作为一个线性规划问题。

为了简化问题，假设小车区域是一个以基站为圆心的区域。考虑无人机充电板区域内节点的分布及小车区域与无人机充电板区域之间的联系，将设计一种高效的充电板部署方案。

该问题的数学模型定义如下：

最小化：
$$|P = \{p_1, p_2, \cdots, p_K\}| \tag{7.4}$$

受限于：
$$\sum_{s_i \in S - S_{wcv}} c_{ij} \geqslant 1, \forall p_j \in P \tag{7.5}$$

$$\sum_{p_i \in P} e_{ij} \geqslant 1, \forall p_j \in P \tag{7.6}$$

$$e_{ij} = \begin{cases} 1, & d(p_i, p_j) \leqslant D_{dmax} \\ 0, & \text{其他} \end{cases} \tag{7.7}$$

$$c_{ij} = \begin{cases} 1, & d(s_i, p_j) \leqslant D_{dmax} / 2 \\ 0, & \text{其他} \end{cases} \tag{7.8}$$

$$r_i = \begin{cases} 1, & d(p_i, BS) \leqslant R_{WCV} + D_{dmax} \\ 0, & \text{其他} \end{cases} \tag{7.9}$$

$$\sum_{\substack{\Omega 是 P 的一个 \\ 子集的排序}} \left(r_{\Omega(1)} \times e_{i, \Omega(1)} \times \left(\prod_{k=1}^{|\Omega|-1} e_{\Omega(k), \Omega(k+1)} \right) \times e_{\Omega(|\Omega|), j} \right) \geqslant 1, \forall p_i, p_j \in P \tag{7.10}$$

式中，当 $i \neq j$ 时，$p_i \neq p_j$。

式（7.5）和式（7.8）表示无人机充电板区域中圈和外圈的每个节点至少被一个充电板覆盖。式（7.6）和式（7.7）表明每个充电板和至少另一个充电板相连。式（7.7）表示若无人机充电板区域中圈和外圈之间的两个充电板之间的距离小于 D_{dmax}，则这两个充电板相连接。式（7.8）表明若无人机充电板区域的中圈和外圈的之间一个节点与一个充电板之间的距离小于 $D_{dmax}/2$，则该节点与该充电板相连接。式 (7.9) 表明在无人机充电板区域的中圈和外圈与小车区域相连接，当且仅当充电板和基站之间的距离小于 R_{WCV} 和 D_{dmax} 的和。式 (7.10) 表明在小车区域中的任意一个飞行站点 s_{ap} 和无人机充电板区域的某个节点之间至少存在一条可行性飞行路径。

接下来的章节描述了一个简化的充电板部署问题，该问题只考虑在位于无人机充电板区域的节点上部署充电板。位于无人机充电板区域的节点形成数个连接子图，对于简化的充电板部署问题，总是存在一个解决方案的。本章特别提出了三种解决方案并进行讨论。改进的 K- 均方和贪婪方案通过设计动态算法解决这个问题，而静态方案则根据充电板区域的几何形状及无人机充电板区域和小车区域的关系来部署充电板。除此之外，改进的 K- 均方方案通过迭代计算区域中节点群的中心来确定充电板的数量和部署位置。贪婪方案选择在无人机充电板区域中的节点位置上部署充电板，而在 K- 均方方案和静态的方案中，部署位置不一定会选择节点所在位置。

7.3.2 改进的 K- 均方方案

K- 均方算法是一种流行的数据聚类算法。然而，在 K- 均方算法中，K 个数据中心是随机选择的，这使聚类结果不稳定，甚至会陷入局部最优解中。初始群中心的选择非常重要，影响了算法的性能。因此，需要考虑初始群中心的选择。根据充电板的区域特性，本设计方案采用了一种最小化最大簇间距离的方案，该方案用来选择最初的离散群簇中心[108]。

然而，在执行算法前需要确定所需群的数量 K。将前面分析得到的约束信息整合到 K- 均方算法中。结合约束条件，根据式 (7.11) 可以粗略估计聚类数量 K。

$$K = \frac{Area - \pi R^2}{\pi (D_{dmax} / 2)^2} + 1 \tag{7.11}$$

式中，$Area$ 是感测区域的面积。

选择初始的群中心的具体步骤如算法 7.1 所示。

算法 7.1　选择初始群中心算法

输入：传感器节点集 $V=V_p\bigcup V_b$、$V_p=\{sp_1, sp_2, \cdots, sp_N\}$、$V_b=\{sb_1, sb_2, \cdots, sb_M\}$、中心节点集 $C=\varnothing$、初始群数量 K。

输出：一个初始群中心集合 C。

步骤 1：在 V 中随机选择一个节点 s_1 作为第一个初始群中心，$c_1=s_1$。$C \leftarrow c_1$。对于集合 V 中的每个节点 s，执行以下操作。

　　　　首先，计算该节点 s 与中心点 c_1 之间的距离 $d(s, c_1)$，如果 $d(s, c_1) \leqslant D_{\text{dmax}}/2$ 成立，就将节点 s 归入集合 c_1。最后，将已经归入 c_1 的节点从原集合 V 中移除。

步骤 2：选择一个距离 c_1 最远的节点 s 作为第二个群中心，$c_2=s$，将 c_2 归入集合 C 中。对于集合 V 中的每个节点 s，执行以下操作。首先，计算节点 s 与中心点 c_2 之间的距离 $d(s, c_2)$，如果 $d(s, c_2) \leqslant D_{\text{dmax}}/2$ 成立，则将节点 s 加入集合 c_2 中。最后，在原集合 V 中移除所有已被归入 c_2 的节点，即 $V=V/c_2$。

步骤 3：对于集合 C 中的每个节点 v，执行以下操作。

　　　　计算节点 v 到两中心 c_1 和 c_2 的距离 $d(v, c_1)$、$d(v, c_2)$。

　　　　选择具有 $\max\{\min[d(v, c_1), d(v, c_2)]\}$ 值最大的 s_j 作为第三个群中心，$c_3=s_j$，将 c_3 加入集合 C 中。

　　　　对于集合 V 中每个节点 s，计算节点 s 与中心点 c_3 之间的距离 $d(s, c_3)$，如果 $d(s, c_3) \leqslant D_{\text{dmax}}/2$ 成立，则将节点 s 加入集合 c_3 中。

最后，从 V 中移除已分配节点，即 $V=V/c_3$。

步骤 4：重复步骤 3 寻找具有 $\max\{\min[d(s, c_1), d(s, c_2)]\}$ 值最大的 s_j 作为第四个群中心，$c_4=s_j$，将 c_4 加入集合 C 中。对于集合 V 中的每个节点 s，计算节点 s 与中心点 c_4 之间的距离 $d(s, c_4)$，如果 $d(s, c_4) \leqslant D_{\text{dmax}}/2$ 成立，则将节点 s 归入集合 c_4。最后，从 V 中移除已分配节点，即 $V=V/c_4$。

步骤 5：重复步骤 4，直到 $|C|=K$。

步骤 6：输出集合 C。

算法 7.1 的关键是每次选择距离已选好的群中心尽可能远的点作为群中

心，直到群中心数量等于 K。

根据算法 7.1 的执行结果和前面的分析，传统的 K- 均方算法改进如下。

算法 7.2　改进的 K- 均方算法

输入：传感器节点集 $V=V_p \bigcup V_b$、$V_p=\{sp_1, sp_2, \cdots, sp_N\}$、$V_b=\{sb_1, sb_2, \cdots, sb_M\}$、初始群中心集 C、$K=|C|$。

输出：一个群中心集合 C。

步骤 1：对于集合 C 中的每个 c，对于 集合 V 中的每个节点 s，计算 $d(s, c)$。

步骤 2：根据步骤 1 的结果，将集合 V 中的每个节点 s 分到最近的群里，如果 $d(s, c_i)=\min\{d(s, c_i), \ i=1, 2, 3, \cdots, K\}$，则 $s \in c_i$。

步骤 3：计算新的群中心 $c_j = \dfrac{1}{n}\displaystyle\sum_{s_i \in c_j} s_i$，$j=1, 2, 3, \cdots, K$。

步骤 4：计算聚类准则函数 $E = \displaystyle\sum_{i=1}^{n}\sum_{j=1}^{K} \| s_i - c_j \|^2$。

步骤 5：如果 $E \leqslant \varepsilon$，跳转到步骤 6；否则，跳转到步骤 1。

步骤 6：如果集合 V 中所有节点被集合 C 覆盖，跳转到步骤 7；否则，在未覆盖的节点中重复选择新的中心直到所有节点被覆盖。

步骤 7：输出集合 C。

7.3.3　贪婪方案

本小节将第 5 章所示的最大度选择概念与节点着色技术相结合，采用贪婪方案来解决充电板部署问题，从而得到两个图，这两个图可以是多个连通的子图。

当传感器节点既没有被覆盖也没有被选为充电板，它是浅灰色或深灰色的。灰色节点表示它已被某个充电板覆盖，黑色节点表示该节点被选为充电板。根据前面的分析，贪婪方案首先在浅灰色节点上执行。它贪婪地选择一个节点，在每一步中给多数浅灰色节点上色，直到图中没有更多的浅灰色

节点。然而，为了高效选取合适的节点，该算法遍历所有与选充电板距离在 $D_{dmax}/2$ ～ D_{dmax} 范围内的浅灰色节点，并比较其邻居集合 $NP(v)$ 的规模［其中 $NP(v)$ 表示节点 v 的浅灰色或灰色邻居节点集合］，最终选择 $|NP(v)|$ 值最大的节点作为新增充电板。然后，在第一阶段产生的充电板的基础上，在深灰色节点上执行贪婪方案。它贪婪地选择一个节点，在每一步中为大多数深灰色节点上色，直到图中没有更多的深灰色节点。它还通过比较每个深灰色节点 $D_{dmax}/2$ 的 $|NB(*)|$ 值与任何充电板的 D_{dmax} 值来选择一个节点作为充电板，其中 $NB(*)$ 是某个深灰色或灰色节点的深灰色邻居节点的集合。

首先，构造两个不同且独立的图 G_1 和 G_2，图中节点为浅灰色，其中 G_1 基于定义 7.4 的条件（2）来构造，G_2 基于定义 7.4 的条件（1）构造。也就是说，当且仅当 $d(s_i, s_j) \leqslant D_{dmax}/2 \leqslant d(s_i, s_j) \leqslant D_{dmax}$，贪婪方案通过在 V_1 中 s_i 和 s_j 之间放置一条边来构造 $G_1=(V_1, E_1)$。然后，当且仅当 $d(s_i, s_j) \leqslant D_{dmax}/2$，贪婪方案通过在 V_2 中 s_i 和 s_j 之间放置一条边来构造 $G_2=(V_2, E_2)$。

一开始，这两个图是用浅灰色的节点构造的。贪婪算法计算 G_1 中每个节点 V 的集合 $N(v)$，其中 $N(v)$ 表示 V_1 中与 G_1 中节点 v 相邻的浅灰色顶点的集合。该方案选择 G_2 中拥有最大 $|NP(v)|$ 的节点 v，将节点 v 着成黑色，将所有 $NP(v)$ 中的节点着成灰色。接着，对 G_1 中对应的节点进行相同的着色操作；同时，把节点 v 加入节点集 C 中。然后，对于 G_1 中的属于 $N(v)$ 的每个浅灰色节点 u，计算 G_2 中的 $NP(u)$。选择一个具有最大 $|NP(x)|$ 值的节点 x，将 G_1 和 G_2 中的 x 着成黑色，$NP(x)$ 中的节点着成灰色，之后将节点 x 加入集合 C 中。重复上述步骤，直到在 G_2 中没有浅灰色节点。

用深灰色节点和集合 C 构造两个图 G_1 和 G_2。第一步，集合 C 中的节点在这两个图中被涂上黑色，然后对于集合 C 中的每个节点 v，将 G_1 和 G_2 中 $NB(v)$ 的节点着成灰色。第二步，对于 G_1 中节点 $v \in C$ 的 $N(v)$ 中的每个深灰色节点 u，计算 G_2 中的 $NB(u)$。第三步，选择具有最大 $|NB(x)|$ 值的节点 x，将 G_1 和 G_2 中 x 着成黑色，$NB(x)$ 着成灰色。同样，将节点 x 加入集合 C 中。重复上述步骤，直到 G_2 中没有深灰色节点。

算法 7.3 中具体描述了上述的计算步骤。

算法 7.3　贪婪算法

输入：传感器节点集 $V_p=\{sp_1, sp_2, \cdots, sp_N\}$、$V_b=\{sb_1, sb_2, \cdots, sb_M\}$、中心节点集 $C=\varnothing$。

输出：中心节点集 C。

步骤 1：当 V_p 中的节点 s_i 和 s_j 之间的欧几里得距离 $d(s_i, s_j) \leqslant D_{dmax}/2$ 时，则在节点 s_i 和 s_j 之间连一条边，从而构建图 $G_2=(V_2, E_2)$。

当 $D_{dmax}/2 \leqslant d(s_i, s_j) \leqslant D_{dmax}$ 时，则在节点 s_i 和 s_j 之间连一条边，从而构建图 $G_1=(V_1, E_1)$。

步骤 2：计算 G_2 中每个浅灰色节点 v 的 $NP(v)$。计算 G_1 中每个未着色节点 v 的 $N(v)$。在 G_1 中选择在 G_2 具有最大 $|NP(v)|$ 值的浅灰色节点 v，令节点 v 的颜色为黑色，将节点 v 归入集合 C 中。对于 $NP(v)$ 中每个节点 u，令节点 u 的颜色为灰色。

步骤 3：对于集合 C 中的每个节点 v，对于 v 在图 G_1 中的所有浅灰色邻居节点 x[即 $x \in N(v)$]，计算节点 x 在子图 G_2 中邻居节点集合 $NP(x)$。选择具有最大 $|NP(x)|$ 值的节点 x，令节点 x 着色为黑色。将节点 x 归入集合 C 中。对于 $NP(x)$ 中每个节点 y，令 y 的颜色着色为灰色。

步骤 4：重复步骤 3 直到 G_2 中没有浅灰色节点。

步骤 5：令 $V=V_b \bigcup C$。

步骤 6：当 V 中的节点 s_i 和 s_j 之间的欧几里得距离 $d(s_i, s_j) \leqslant D_{dmax}/2$ 时，则在节点 s_i 和 s_j 之间连一条边，从而构建图 $G_2=(V_2, E_2)$。

当 $D_{dmax}/2 \leqslant d(s_i, s_j) \leqslant D_{dmax}$ 时，则在节点 s_i 和 s_j 之间连一条边，从而构建图 $G_1=(V_1, E_1)$。

步骤 7：对于集合 C 中的每个节点 v，令 v 的颜色为黑色。计算 G_2 中每个深灰节点 v 的 $NB(v)$。对于 $NB(v)$ 中每个节点 u，令 u 的颜色着色为灰色。

步骤 8：对于集合 C 中的每个节点 v，对于图 G_1 中每个未为深灰色节点 x 的 $N(v)$，计算 G_2 中每个节点 x 的 $NB(x)$，选择具有最大 $|NB(x)|$ 值的节点 x，令 x 的颜色为黑色，将节点 x 归入集合 C 中。对于 $NB(x)$ 中的每个节点 y，令 y 颜色为灰色。

步骤 9：重复步骤 8 直到 G_2 中没有深灰色节点。

步骤 10：输出黑色节点（即集合 C）。

算法 7.3 在 G_1 的 $N(v)$ 中选择一个节点 $v \in C$ 作为充电板，确保由算法 7.3 获得的充电板在某个连通子图中连接（即每个充电板与另一个充电板之间的距离在 $D_{dmax}/2 \sim D_{dmax}$ 之间）。此外，所有的传感器节点都被充电板覆盖，因为在执行算法 7.3 后，所有的节点都被涂成灰色（即被覆盖）或黑色（即被选为充电板）。

7.3.4 静态部署方案

静态部署方案有规则地将充电板放置在情况 2 和情况 3 节点的区域内来解决充电板的部署问题（图 7.6），然后再移除多余的充电板。该静态方案不仅覆盖区域中所有情况 2 和情况 3 的节点，还确保对于情况 2 和情况 3 的每个节点，至少存在一条可行性飞行路径。

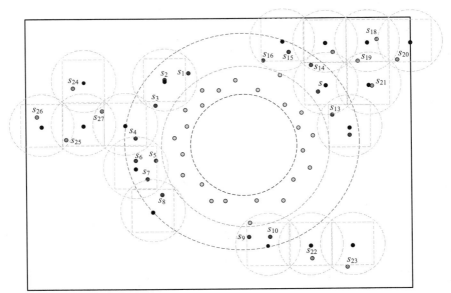

图 7.6　采用静态部署方案得到充电板部署

7.3.5　案例研究

　　本小节通过一个案例〔该案例包含 27 个情况 2 和情况 3 节点的图（图 7.5）〕，来直观地表示改进的 K- 均方和贪婪方案的思路。在图 7.5 中，将节点的编号标在节点旁边。在图 7.9 中，左边子图中的边表示两节点之间的距离在 $D_{dmax}/2$ ~ D_{dmax} 之间，右边子图中的边表示少于或等于 $D_{dmax}/2$。改进的 K- 均方和贪婪方案的执行过程分别如图 7.7 ~ 图 7.9 所示。

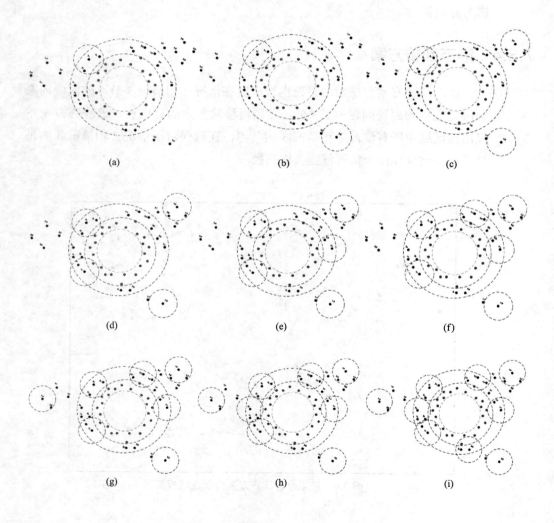

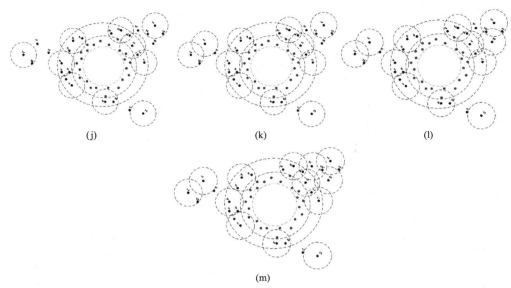

(j)   (k)   (l)

(m)

图 7.7　选择初始群中心步骤

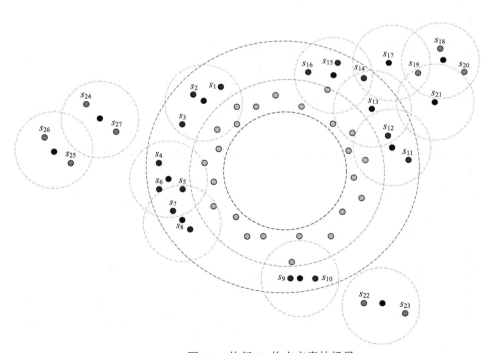

图 7.8　执行 K-均方方案的场景

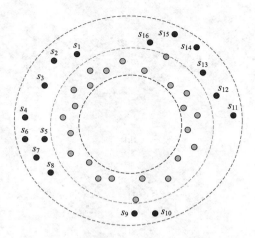

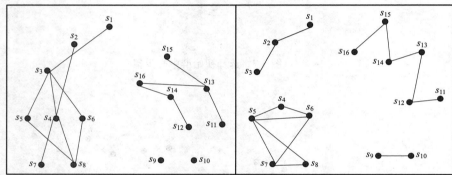

(a) 构造两个图

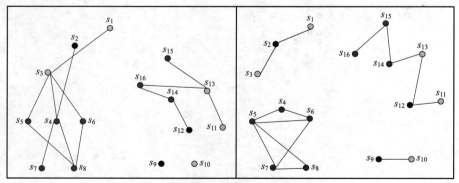

(b) 选择节点 s_2、s_9、s_{12} 作为充电板的部署位置

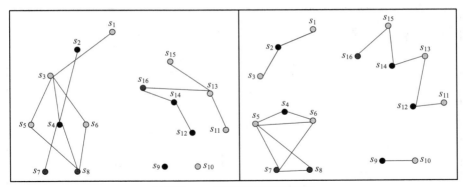

(c) 选择s_4、s_{14}作为充电板的部署位置

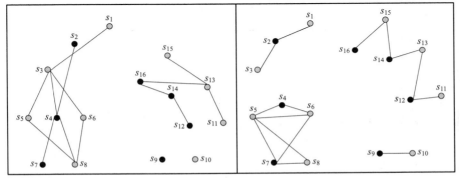

(d) 选择s_{16}、s_7作为充电板的部署位置

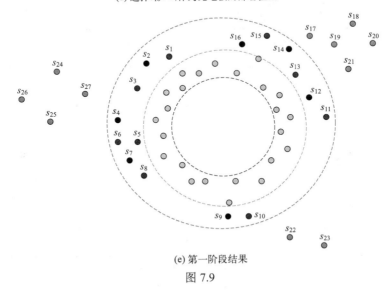

(e) 第一阶段结果

图 7.9

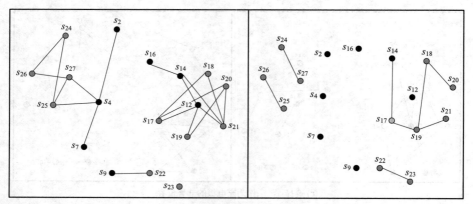

(f) 构造两个图

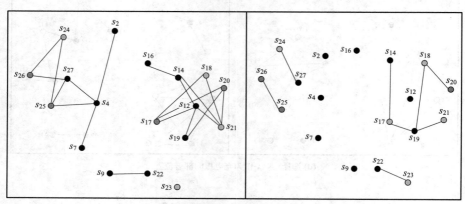

(g) 选择s_{19}、s_{22}、s_{27}作为充电板的部署位置

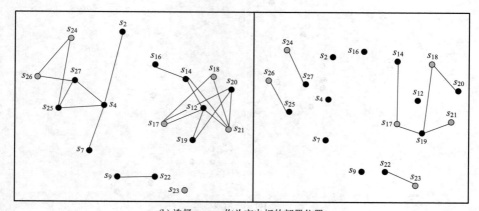

(h) 选择s_{20}、s_{25}作为充电板的部署位置

图 7.9　贪婪方案的执行步骤

　无线可充电传感网中的充电调度技术

7.4
小车和无人机的充电调度

7.4.1 充电调度问题

本章的充电调度问题的表述与第 6 章的定义类似。为解决本章所提的新型 WRSN 模型中的充电调度问题，本节提出了一种最小化充电调度总时间的混合充电调度方案。该方案的设计难点在于如何协调充电小车与无人机，使其协同、同步完成充电工作。

7.4.2 无人机的充电调度

根据 7.3 节中的讨论，对于无人机来说，在无人机充电板区域的带充电请求的节点有三种不同的充电调度，如图 7.10 所示。当一个节点满足情况 1 时，根据第 6 章中的定理 6.2 ~ 定理 6.6 来计算释放无人机的最佳站点。无人机从飞行站点直接飞到目标节点。当一个节点满足情况 2 时，最佳飞行站行由覆盖节点的最近充电板计算，然后无人机从飞行停靠点出发前往充电板，然后再由充电板到目标节点。当一个节点满足情况 3 时，根据连接到该节点的飞行路径的小车区域的 $D_{\mathrm{dmax}}/2$ ~ D_{dmax} 之间的距离计算最优飞行停靠点，然后无人机从飞行停靠点出发前往该充电板，然后沿连接路径飞往目标节点。

对于情况 2 和情况 3 的情形，飞行站点的计算如下所示。将该充电板和基站用一条直线相连，在该直线上取距离充电板 D_{dmax} 的一个点作为飞行站点，然后用式 (7.12) 来计算飞行站点的坐标。

$$
\begin{aligned}
x &= x_0 + \frac{R}{dist(s_0, p_i)}(x_0 - x_{p_i}) \\
y &= y_0 + \frac{R}{dist(s_0, p_i)}(y_0 - y_{p_i})
\end{aligned}
\tag{7.12}
$$

式中 (x_0, y_0) 是基站的坐标；(x_{pi}, y_{pi}) 是情况 3 或情况 2 中第一个充电板的坐标或者情况 1 中的具有充电请求的节点。

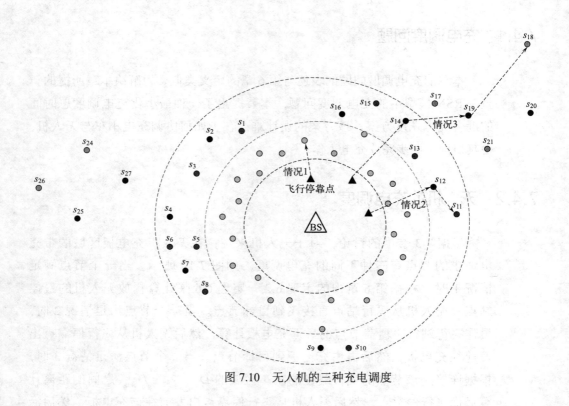

图 7.10　无人机的三种充电调度

7.4.3　小车的充电调度

小车在小车区域自由移动。在过去一些仿真实验的基础上，NJNP 会比其他调度方案的性能更好。因此，在小车区域具有充电请求的节点和预先计算好的飞行站点可以用 NJNP 来进行排序。例如，如图 7.11 所示，小车的充电调度为：基站 $\rightarrow A \rightarrow s_{ap1} \rightarrow B \rightarrow C \rightarrow D \rightarrow s_{ap3} \rightarrow s_{ap2} \rightarrow$ 基站。

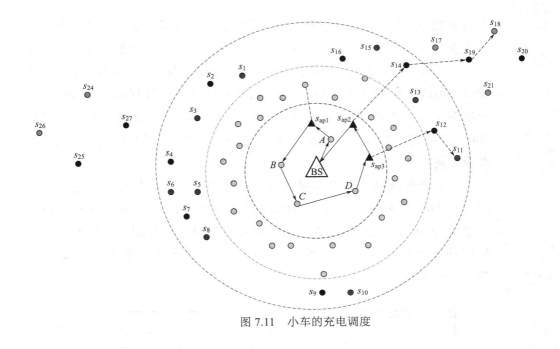

图 7.11　小车的充电调度

7.5
仿真实验

本节通过仿真来评估所提方案的有效性，还给出了仿真设置，并对仿真结果进行了比较和讨论。在本章中，充电板的数量是一个非常重要的性能指标，通过 D_{dmax}、网络密度和小车的区域范围等不同的网络参数来观测三种方案得到的充电板数量。实验仿真的运行环境与第 6 章相同。

7.5.1　所提部署方案的性能

可充电传感器节点静态随机部署在 1000m×1000m 的方形区域中。基站坐落于区域的中心。图 7.12 是在相同网络参数下，30 个不同结果的平均值。

本节通过改变各种不同的网络参数值从而对贪婪、K- 均方和静态方案下得到的充电板数量进行分析比较。首先，一组贪婪、K-均方和静态方案的快照分别如图 7.12（a）～（c）所示。在这些图中，黑色的小圆圈表示充电板，灰色的小点表示节点，三角形表示基站。灰色的虚线圆圈表示无人机从充电板出发的可行性飞行范围。部署的区域设置为 1000m×1000m，节点的数量设为 1000 个，无人机的 D_{dmax} 设为 150m，小车的区域半径设为300m。从图 7.12（a）～（c）中可以看出，三种方案获得的充电板位置和数量不同。

　　为了分析网络密度对部署充电板数量的影响，在仿真实验中，节点数设在 500～1000 之间，无人机的飞行范围 D_{dmax}=150m，小车区域的半径设为 300m。如图 7.13 所示，当节点的数量增加时，三种方案计算得到的充电板数量也相应增长。三种方案所得到的关系为：贪婪＜K-均方＜静态。

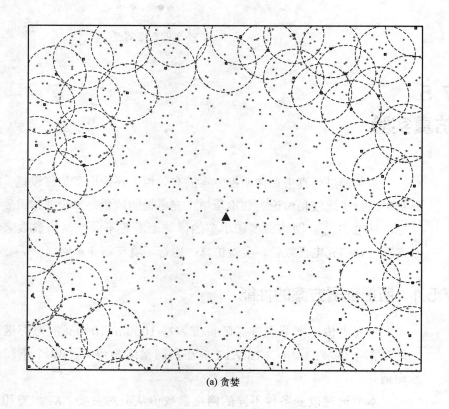

(a) 贪婪

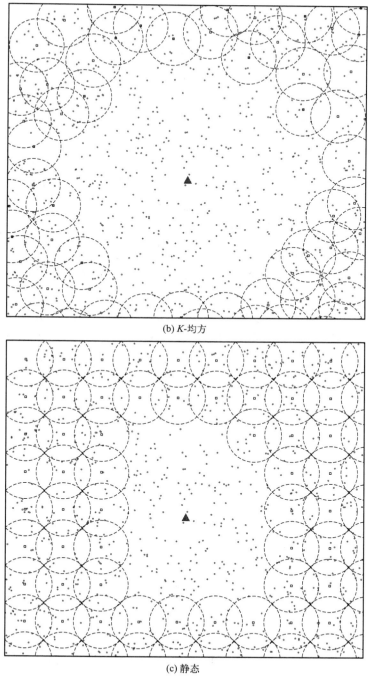

(b) K-均方

(c) 静态

图 7.12　充电板部署的快照

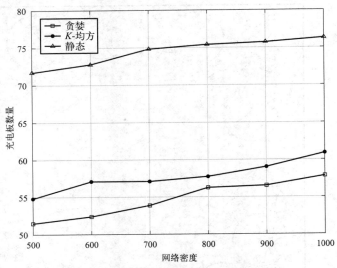

图 7.13　不同网络密度下充电板数量的比较

将小车区域的半径参数值设定从 240m 变化到 300m，从而观测小车区域改变所带来的影响。在该仿真实验中，节点数 N=1000，飞行范围 D_{dmax}=150m。图 7.14 描述了三种不同部署方案所得到的充电板数量。从图 7.14

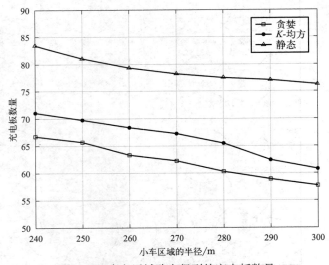

图 7.14　小车区域改变得到的充电板数量

　无线可充电传感网中的充电调度技术

中可以看出，充电板的数量随着小车区域的扩大而减小。当小车区域的半径变大时，无人机充电板区域变小，所需的充电板数量就更少。除此之外，由贪婪方法所得到的充电板数量是最少的，而由静态方案所得到的数量最大。

图 7.15 描述了采用三种方案在不同的 D_{dmax} 下计算得到的充电板数量。在仿真实验中，传感器节点的数量 $N=1000$，小车区域的半径为 300m。如图 7.15 所示，充电板的数量随着 D_{dmax} 的增加而减少。除此之外，由贪婪和 K- 均方方案所得到的充电板数量少于静态方案。注意，由于边界效应，静态方案得到的充电板数量曲线图在图上呈锯齿状。

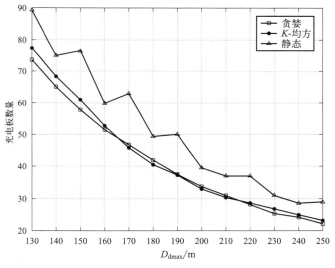

图 7.15　不同的 D_{dmax} 下得到的充电板数量

7.5.2　基于部署方案的充电调度性能

本节仿真实验的性能指标和第 6 章中的 6.3.2 节一样，不同的是，增加了一个性能指标——无人机延迟充电的节点数，其指的是分配给无人机的充电节点未能得到及时充电服务的总数。

本小节中的仿真实验是在三种充电板部署方案的基础上进行的。在仿真实验中，WRSN 系统运行时间是 50000s，无人机的速度保持在 35m/s，小车区域的半径为 300m，D_{dmax} 设为 150m。图 7.16（a）～（e）展示了不同通信负担下的仿真结果。随着通信负担的增加，生命周期、及时充电节点百分比和接收到的充电请求包的百分比减小，但充电请求包的数量和无人机充电延迟的节点数量增加。这是因为 WRSN 太繁忙了，导致某些节点充电延迟。同时，如图 7.16 （a） 所示，在这三种方案部署方案的基础上得到的生命周期基本上一致。

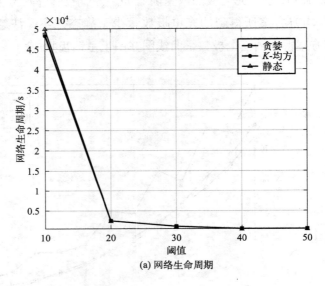

(a) 网络生命周期

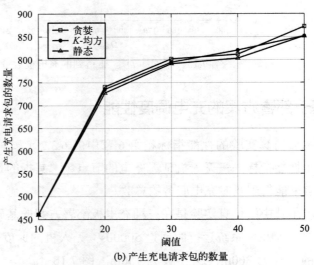

(b) 产生充电请求包的数量

无线可充电传感网中的充电调度技术

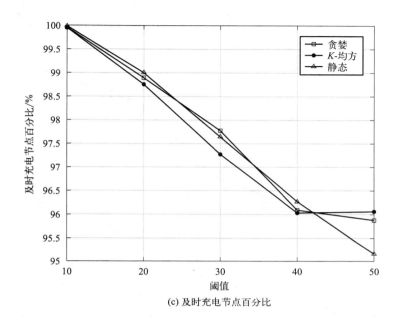

(c) 及时充电节点百分比

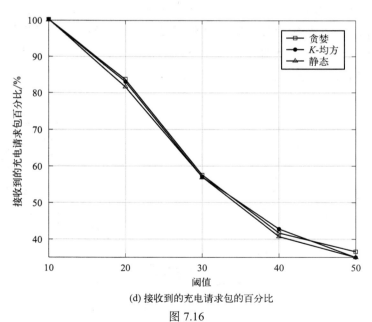

(d) 接收到的充电请求包的百分比

图 7.16

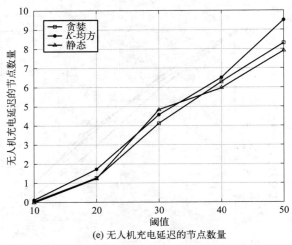

(e) 无人机充电延迟的节点数量

图 7.16　不同的通信负担下的性能比较

图 7.17 描绘了不同的 D_{dmax} 下的仿真结果。网络的通信负担设为 [0, 30],小车区域的半径设为 300m，无人机的速度保持在 35m/s。随着 D_{dmax} 的增长，网络的生命周期也在延长，因为总的飞行路程随着 D_{dmax} 的变化而变化。然而，其他性能指标曲线却是振荡的，这是因为飞行路径总是贪婪地选择最近一个节点，其可能不是最优路径。从图 7.17（e）中可以看出，无人机延期充电的节点数量总是在 4 ~ 5 之间波动。

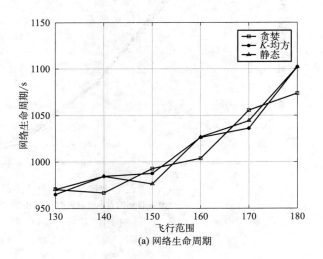

(a) 网络生命周期

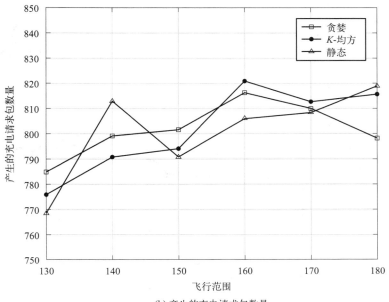

(b) 产生的充电请求包数量

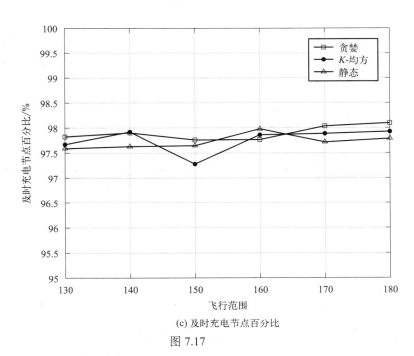

(c) 及时充电节点百分比

图 7.17

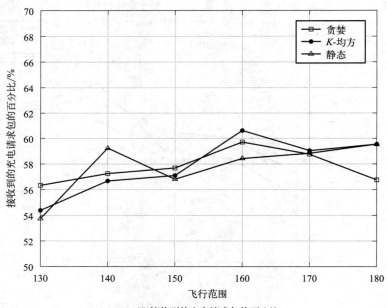

(d) 接收到的充电请求包的百分比

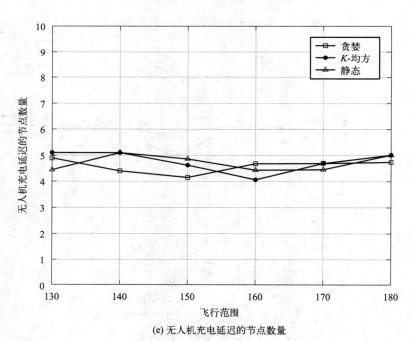

(e) 无人机充电延迟的节点数量

图 7.17　不同 D_{dmax} 下的性能指标的比较结果

无线可充电传感网中的充电调度技术

7.6
本章小结

　　本章提出了一种新型的混合 WRSN 模型，该模型使用单辆小车给传感器节点充电，并在充电板的辅助下，携带多架无人机为传感器节点提供充电服务。为克服车辆速度慢、不能直接穿越障碍物，以及无人机飞行距离有限的缺点，本章提出了充电板部署问题，并在飞行距离、小车区域的半径和节点的几何分布的基础上，设计了贪婪、K- 均方和静态三种充电板部署方案，最大限度地提高了部署效率。仿真实验结果表明，采用贪婪和 K- 均方方案获得的充电板数量比静态方案要少。

　　虽然提出的算法主要是为了解决新提出的 WRSN 模型中的充电板部署问题，但还需要设计更加有效和最优的方案来解决该问题。未来，根据部署环境的变化会出现更加复杂的需要考虑的因素。

第 **8** 章

基于全局移动代价的
时空充电调度

无线可充电传感器网络中的充电调度问题通常属于 NP 难问题，多数针对无线可充电传感器网络的充电调度研究仅考虑时间因素、空间因素或两者结合，通过贪婪地逐个选择节点来形成充电路径。这些方法未能将剩余节点所需的移动距离作为重要因素。在调度路径中节点的确切顺序确定之前，精确估算剩余节点的剩余移动距离并非易事。然而，若能对潜在代价（主要指剩余移动距离）进行粗略估计，则极有可能提供一个全局视角，从而引导充电调度算法规划出更优的充电路径。

本章提出剩余移动距离（代价）这一创新概念，并构建一个数学模型粗略估计定节点集的移动代价。基于此模型，本章还进一步设计了一种同时考虑估计剩余代价的贪心充电调度算法（TSGP）。该新型充电调度算法被称为基于时空优先级和剩余代价估计的充电调度算法。算法通过考虑节点与移动充电器之间的空间距离、充电请求的剩余时间、估计的剩余移动代价这三个因素来逐个选择节点以形成充电路径。

为了评估 TSGP 算法的性能，本章开展了大量的仿真实验，并与现有的改进型最早截止期优先算法（REDF）[68] 和最早截止期优先算法（EDF）[112] 进行对比。仿真结果表明，在网络寿命、成功充电节点数量和移动距离三个关键指标上，TSPG 调度算法均显著优于 REDF 和 EDF。

8.1 系统模型的描述

在采用的充电架构中，无线可充电传感器网络中的传感器节点被随机部署在感测区域用于监测目标环境。节点自主监控剩余能量，当节点能量水平低于预设阈值 ϕ_{sn} 时，会向无线充电车（WCV）发送充电请求。与行驶和充电时间相比，请求传递时间可以忽略不计。无线充电车（WCV）沿着一条预先计算好的充电路径，逐个移动至节点并为其完全充电。系统的充电架构主要由三个组件构成。

① 一组可充电传感器节点，它们是同构的。当节点 n 的能量耗尽时，该节点立即停止工作。因此，无线充电车（WCV）需要在节点 n 的能量耗尽前到达该节点所在位置。

② 一辆无线充电车（WCV），它在每次充电行程中都具备足够的能量用于支持每次充电行程的中节点的能量补充。在本章所提系统中，假设当无线充电车（WCV）到达某个节点位置时，同一时间只能为该节点充电。

③ 一个基站（BS)，其作为固定设施配备若干超大容量电池和充电设备。基站远程控制无线充电小车（WCV），并为其提供快速电池更换服务。

8.2 最早截止期优先算法（EDF）和改进型最早截止期优先算法（REDF）

最早截止期优先算法（EDF）是一种传统的充电调度处算法。EDF仅根据充电请求的截止期来调度这些请求；换句话说，无线充电车（WCV）会优先服务截止期最短的传感器节点。然而，EDF可能导致WCV在空间维度上出现大量的往返移动，并在移动过程中浪费大量时间。

改进型最早截止期优先算法（REDF）则同时考虑了来自节点的请求的时间和空间属性。REDF充电调度算法通过考虑WCV在节点间移动时间这一因素（而不是像EDF那样只关注充电需求的紧迫性)，对EDF调度算法进行了改进，仅对访问序列进行微小的适当调整。因此，WCV可以缩短其移动距离。REDF算法考虑了某些在预定义工作窗口内截止期前仍有充足剩余时间的请求节点的空间距离优先级。它允许WCV在某个工作窗口内，如果新请求的节点在空间上更接近WCV，则切换到该空间上更近的目标节点。然后，基于这种混合优先级给出调度决策。然而，REDF仅考虑了某个工作窗口内的时间和空间属性，而忽略了该窗口之后的剩余移动成本。

观察到包括EDF和REDF在内的前面研究工作的局限性，本章提出了一种具有全局成本调度的时空优先级（TSPG）方案。该方案不仅考虑了当前访问节点发出的传入请求的时空优先级，还考虑了对剩余节点的估计剩余移动成本。

8.3 TSGP 方案

本章所提出的调度算法充分考虑了决定充电请求优先级的三个主要因素。

① 第一个是时间因素（Temporal Factor），称为充电请求的充电截止期，它表示该充电请求应被服务的时间。时间因素的政策是：充电截止期越短，时间优先级越高。例如，EDF 就是一种仅考虑时间因素的调度算法。

② 第二个是空间因素（Spatial Factor），指的是待充电节点与无线充电车（WCV）当前位置之间的距离。仅空间因素的策略是：节点位置离 WCV 越近，空间优先级越高。类似地，NJNP[106] 是一种仅考虑空间因素的调度算法。

以往的研究中，时间因素和空间因素通常被单独或同时考量。本工作中提出并考量的额外因素是剩余移动成本（Residual Moving Cost），它是对剩余节点所需移动距离的估计值。该因素代表了对给定节点集的一种新的全局视角（global view）。该因素的政策是：剩余成本越低，剩余成本优先级越高。

当基站接收到多个请求时，所提出的算法在这三个优先级的基础上，为这些请求规划一个高效的充电调度方案。

为清晰起见，本章考虑网络中仅有一辆无线充电车（WCV）可用的情况。需要注意的是，这种单 WCV 场景也为解决多 WCV 可用时的移动充电问题奠定了基础。

为解决该假设场景的充电调度问题，本章首次提出一种基于具有全局成本调度的时空优先级（TSPG）的方法。随后，本章还根据此方案为单部 WCV 构建一条旅行成本更低的近似最优路径。本章所使用相关符号及定义如表 8.1 所示。

表 8.1　相关符号和定义

符号	定义
$T(A)$	节点 A 的剩余时间

符号	定义
$D(A)$	WCV 和节点 B 之间的距离
$C_R(A)$	节点 A 的预估的剩余移动成本
$AR(A)$	节点 A 的剩余面积
$P_T(A)$	节点 A 的时间优先级
$P_D(A)$	节点 A 的空间优先级
$PP_T(A)$	节点 A 的时间优先级比例
$PP_D(A)$	节点 A 的空间优先级比例
$P_M(A)$	节点 A 时间和空间的混合优先级
$C_{RP}(A)$	节点 A 的混合时空优先级估计剩余成本
α	时间优先级比率
β	空间优先级比例

8.3.1 时间优先级

本小节讨论如何根据向无线充电车（WCV）发送请求节点的截止时间，调整充电请求队列中各请求的优先级。该方法的核心原则是：当某个现有充电请求的截止时间越短，其时间优先级就越高。这一直观思路非常合理，因为截止时间较早的充电请求应当被优先服务，以避免错过截止期限。

当基站收到多个节点的充电请求时，该方法会根据每个充电请求的剩余时间和请求数量来确定优先级顺序。具体而言，假设基站收到 N 个充电请求，该方法通过比较各请求的截止时间来对它们的时间优先级进行排序，这一过程通过执行算法 8.1 来实现。

算法 8.1 时间优先级算法

输入：$T=\{T(1), T(2), \cdots, T(N)\}$。

输出：$P_T=P_T(1), P_T(2), \cdots, P_T(N)$。

步骤 1：将 $T(1), T(2), \cdots, T(N)$ 按升序排序。

步骤 2：根据步骤 1 中创建的 T 集合的顺序生成优先级队列 P_T。

步骤 3：按降序输出 $P_T(1)$, $P_T(2)$, $\cdots$, $P_T(N)$。

充电请求的时间优先级根据算法 8.1 生成的顺序用整数值表示，其规则为：首个请求的优先级为 N，第二个为 $N-1$，依此类推。P_T（优先级集）中各节点的总优先级按以下方式计算：

$$P_{T\_Total} = \sum_{i=1}^{N} P_T(i) \tag{8.1}$$

为将时间优先级量化在 0 到 1 之间，定义了节点 i 的时间优先级比例（记为 PP_T），其计算公式如下所示：

$$PP_T(i) = \frac{P_T(i)}{P_{T\_Total}} \tag{8.2}$$

8.3.2 空间优先级

本小节讨论基于空间因素（即节点与 WCV 的距离）调整节点的充电请求队列优先级的方法。该方法的核心原则是：请求节点与 WCV 的距离越近，其空间优先级越高。这一设计理念的合理性在于：优先处理 WCV 附近的充电请求，可有效避免下一个节点的长距离移动。

当基站（BS）收到多个充电请求时，该方法需要根据各节点与 WCV 的实时距离确定优先级排序。由于 WCV 移动时距离参数会动态变化，因此在选择下一个充电节点时需要重新计算空间优先级。与时间优先级的确定方法类似，通过执行算法 8.2 来完成请求的空间优先级排序。

算法 8.2 空间优先级算法

输入：$D=\{D(1), D(2), \cdots, D(N)\}$。

输出：$P_D= P_D(1), P_D(2), \cdots, P_D(N)$。

步骤 1：将 $D(1), D(2), \cdots, D(N)$ 按升序排序。

步骤 2：根据步骤 1 中创建的 D 集合的顺序产生优先级队列 P_D。

步骤 3：按降序输出 $P_D(1), P_D(2), \cdots, P_D(N)$。

节点的充电请求按距离排序后，其空间优先级同样以整数值表示，具体规则为：距离最近的请求优先级为 N，次近的为 N-1，依此类推。优先级队列 P_D 中各节点的总优先级根据下列公式计算：

$$P_{D\_Total} = \sum_{i=1}^{N} P_D(i) \tag{8.3}$$

为将空间优先级量化在 0 到 1 范围内，定义了节点 i 的空间优先级比例（记为 PP_D），其计算公式如下所示：

$$PP_D(i) = \frac{P_D(i)}{P_{D\_Total}} \tag{8.4}$$

8.3.3　时间和空间的混合优先级

通过同时应用算法 8.1 和算法 8.2，将上述两种比例优先级进行混合。每个充电请求 i 都具有一个由时间优先级 $PP_T(i)$ 和空间优先级 $PP_D(i)$ 组成的混合比例优先级 $P_M(i)$，其值可通过公式（8.5）计算得出。

$$P_M(i) = \alpha PP_T(i) + \beta PP_D(i) \tag{8.5}$$

其中，α 和 β 分别为时间优先级与空间优先级的正系数比例，且满足 $\alpha + \beta = 1$。

8.3.4　全局成本预估

本小节提出一个新的数学模型，用于调整基于预估的剩余成本（队列中）充电请求的优先级。

设 W 为包含所有待调度节点的请求节点集合。设 V 表示已被调度（即已加入路径）的节点集合，则剩余节点集合 W-V 记为 U=W-V。显然，初始

时 $V=\varnothing$（空集）且 $U=W$。所提出的调度算法以及以往的其他工作都采用一种贪心策略，即通过采用特定的评估函数，从 U 中逐个选择节点，以形成调度充电路径 $\varPi=p_1, p_2, \cdots, p_k$。

例如，NJNP[106] 采用 $f(p_i)=\min\{d(p_i, \text{WCV})\}$（对于所有在 U 中的 p_i）来选择下一个要充电的节点。

在节点选择过程中，U 中的节点数量逐渐减少。因此，本节提出了一个新的评估函数 C_R，用于估计剩余节点集合 U 的总旅行成本。与以往大多数工作不同，该函数提供了一种针对特定节点集的全局视角，本章将结合评估函数 C_R 来设计一个高效的调度算法。

这里，集合 U 的剩余区域指的是一个包含 U 中所有剩余节点的最小凸多边形（示例如图 8.1 所示）。当 U 代表图 8.1 中的所有点时，其剩余区域以红线描绘。在本章的研究中，所提出的新评估函数 $C_R(U)$ 将根据集合 U 的剩余区域来定义。

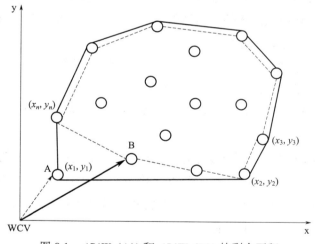

图 8.1　$AR(W\text{-}\{A\})$ 和 $AR(W\text{-}\{B\})$ 的剩余面积

从直观角度来观察，请求节点的剩余区域越小，平均旅行成本就越低。例如，在图 8.1 中，当选择节点 A 作为第一个充电节点（即 $V=\{A\}$）时，$W\text{-}V$ 的剩余区域由虚线描绘。另一方面，当选择节点 B 作为第一个充电节点（即 $V=\{B\}$）时，$W\text{-}V$ 的剩余区域由实线描绘。显然，在图 3 中，第二种选择

（$AR(W\text{-}\{B\})$）的剩余区域大于第一种选择（$AR(W\text{-}\{A\})$）。这表明 $AR(W\text{-}\{B\})$ 的预期剩余旅行时间比 AR（$W\text{-}\{A\}$）更长。注意，$AR(W\text{-}\{A\})$ 的值可以根据公式（8.6）计算得出。

$$AR(W-\{A\}) = \frac{1}{2}\begin{vmatrix} x_2 & y_2 \\ x_3 & y_3 \\ x_4 & y_4 \\ \vdots & \vdots \\ x_n & y_n \\ x_2 & y_2 \end{vmatrix} = \frac{1}{2}[(x_2 y_3 + x_3 y_4 + \cdots + x_n y_2) - (y_2 x_3 + y_3 x_4 + \cdots + y_n x_2)]$$

$$= \frac{1}{2}\sum_{i=2}^{n}(x_i y_{i+1} - y_i x_{i+1})$$

$$(8.6)$$

其中，(x_i, y_i) 是集合 $W\text{-}\{A\}$ 凸包中的一个点（其中 $2 \leqslant i \leqslant n$）。

接下来，为给定剩余区域 $AR(W\text{-}\{i\})$ 引入一个概念：估计剩余成本函数 $C_R(i)$。该函数用于估计当选择节点 i 时，无线充电车（WCV）在剩余区域内预估需要移动的距离。

为了直观理解该函数的设计理念，想象一下：选择节点 A 后形成的剩余区域 $AR(W\text{-}\{A\})$ 被粗略地划分为 N 个大小相等的单元格（并被这些单元格覆盖），其中 N 是剩余区域 $AR(W\text{-}\{A\})$ 中的节点数量（即 $|W\text{-}\{A\}|$）。

每个单元格近似为圆形，其中心位于剩余区域中的一个节点上，所有单元格的半径相等。每个单元格的面积约等于 $1/N*(AR(W\text{-}\{A\})+AR_{EX}(W\text{-}\{A\}))$。其中，$AR_{EX}(W\text{-}\{A\})$ 是剩余区域 $AR(W\text{-}\{A\})$ 的外围半圆区域的总面积（参见图 8.2 中的阴影部分）。

根据公式（8.7），可以计算 $AR(W\text{-}\{A\})$ 的内角总和。

$$S = \pi(k - 2) \tag{8.7}$$

其中，k 是凸多边形 $W\text{-}\{A\}$ 的节点数（如图 8.2 所示）。

然后，根据公式（8.8）计算 $AR_{EX}(W\text{-}\{A\})$。

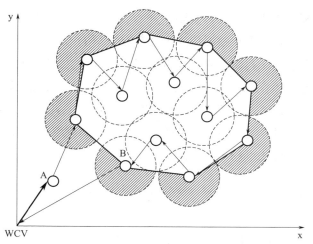

图 8.2　剩余区域 $(AR(W\text{-}\{A\})+AR_{Ex}(W\text{-}\{A\}))$ 由 N 个圆形区域粗略覆盖

$$AR_{Ex}(W-A) = \left(\frac{k*2\pi - S}{2\pi}\right)*\pi r^2$$
$$= \left(\frac{k*2\pi - \pi(k-2)}{2\pi}\right)*\pi r^2$$
$$= \left(\frac{\pi*(2k-k+2)}{2\pi}\right)*\pi r^2 \qquad (8.8)$$
$$= \left(\frac{k}{2}+1\right)*\pi r^2$$

由于剩余区域 $AR(W\text{-}\{A\})$ 被 N 个等半径的圆形区域近似覆盖，可以得到 $1/N(AR(W\text{-}\{A\})+ AR_{Ex}(W\text{-}\{A\}))= \pi r^2$。其中，$r$ 表示每个圆形单元的半径，k 表示 $W\text{-}\{A\}$ 凸多边形中包含的节点数量。由此，可以推导出公式 (8.9)。

$$r = \sqrt{\frac{AR(W-\{A\})}{\pi(N-0.5*k-1)}} \qquad (8.9)$$

如图 8.2 所示，在剩余区域 $AR(W\text{-}\{A\})$ 中，任意两个相邻节点之间的平均距离预估约为圆形单元半径的 2 倍。此时，无线充电车（WCV）在剩余区域内的移动可视为在相邻圆形单元之间依次移动。显然，当剩余节点集 U

的规模为 N 时，WCV 需要移动 $N-1$ 次。因此，WCV 在剩余区域内的预期移动距离近似等于圆形单元半径 r 的 $2(N-1)$ 倍。

由于剩余区域中的任意节点都可能被选为无线充电车（WCV）的下一个充电节点，因此从节点 A 到剩余区域的距离无法通过单一节点选择来确定。为此，采用从节点 A 到剩余节点集 U 中其他各节点 i 的平均移动距离（记为）来估算从节点 A 到剩余区域内某个节点的旅行距离成本。该距离 d_{AS} 的计算如公式（8.10）所示。

$$d_{AS} = \frac{1}{N} \sum_{i=1}^{N} d_{Ai} \tag{8.10}$$

其中，d_{Ai} 为从节点 A 到剩余节点集 U 中节点 i 的期望距离。

同理，由于无线充电车（WCV）在剩余区域内最后被充电的节点存在不确定性，当节点 A 刚被访问时，从剩余区域中某个节点到基站的距离同样无法确定。因此，我们采用剩余节点集 U 中每个节点 i 到基站的平均移动距离（记为 d_{SBS}）来估算从剩余区域到基站的预估移动距离，该距离的计算如公式（8.11）。

$$d_{SBS} = \frac{1}{N} \sum_{i=1}^{N} d_{iBS} \tag{8.11}$$

根据公式（8.6）～式（8.9），预估剩余成本可以用公式（8.12）。

$$C_R(A) = 2(N-1)r + d_{AS} + d_{NBS} \tag{8.12}$$

本章所提研究中，较低的估计剩余成本 $C_R(A)$ 意味着选择该节点（A）作为下一节点的优先级更高。此外，当综合考虑时间和空间优先级时，时空混合优先级 $P_M(i)$ 的值越大，表明节点 i 的优先级越高。

为同时考量这三个因素，引入"估计剩余成本概率值"的概念。该概率值综合了节点的预估的剩余成本与时空混合优先级，记为 $C_{RP}(A)$，其具体定义如公式（8.13）所示。预估剩余成本概率值越低，意味着该节点在调度中的优先级越高。

$$C_{RP}(A) = \frac{1}{P_M(A)} C_R(A) \tag{8.13}$$

$C_{RP}(A)$ 的完整形式如公式（8.14）。

$$C_{RP}(A) = \frac{2(N-1)\sqrt{\dfrac{AR(W-\{A\})}{\pi(N-0.5k-1)}} + \dfrac{1}{N}\sum_{i=1}^{N} d_{Ai} + \dfrac{1}{N}\sum_{i=1}^{N} d_{iBS}}{\alpha PP_T(i) + \beta PP_D(i)} \tag{8.14}$$

根据上述讨论，本章提出的预估剩余成本数学模型建立在传感器节点均匀分布于部署区域的基础上。当存在大量节点充电请求且节点在区域内均匀分布时，所得剩余区域近似规则凸多边形（趋近圆形），此时成本估计模型的精度较高。反之，若节点呈非均匀分布，剩余区域将呈现不规则多边形形态，从而导致估计误差增大。

8.3.5　TSPG 充电调度算法

本章所提的 TSPG 调度算法包含六个步骤。首先计算发起充电请求节点的时间优先级，其次计算空间优先级，第三步综合时空优先级生成混合优先级；第四步与第五步分别计算估计剩余成本及其概率值，最终按预估的剩余成本概率值升序逐节点选择，形成最终充电路径调度方案。

算法 8.3 首先执行算法 8.1 和算法 8.2，分别获取节点的时间优先级和空间优先级数值，随后计算节点集 W 中每个节点的 $C_{RP}(i)$ 值。根据 $C_{RP}(i)$ 值的大小，选择具有最小 $C_{RP}(i)$ 的节点加入已调度集合 V，并同时从待调度集合 U 中移除该节点。重复上述过程直至 U 成为空集，最终将 U 中所有充电请求节点按调度顺序构成充电路径 Π 并输出。TSPG 算法的完整描述如算法 8.3 所示。

算法 8.3　TSPG 充电调度算法

输入：一个充电请求节点集合 W，集合 W 中的节点数量 N，一部小车 v，充电调度路径 $\Pi = v_0$

输出：充电调度路径 Π。

步骤 1：令 $U = W$，$V = \varnothing$，and $\Pi = \varnothing$。

步骤 2：当 $U \neq \varnothing$，执行步骤 3 到步骤 7。

步骤 3: 执行 算法 8.1 获得 $P_T(1)$, $P_T(2)$, $\cdots$, $P_T(N)$, 然后计算 $PP_T(1)$, $PP_T(2)$, $\cdots$, $PP_T(N)$。

步骤 4: 执行算法 8.2 获得 $P_D(1)$, $P_D(2)$, $\cdots$, $P_D(N)$, 然后计算 $PP_D(1)$, $PP_D(2)$, $\cdots$, $PP_D(N)$。

步骤 5: 计算 $C_R(1)$, $C_R(2)$, $\cdots$, $C_R(N)$。

步骤 6: 计算 $C_{RP}(1)$, $C_{RP}(2)$, $\cdots$, $C_{RP}(N)$。

步骤 7: 在集合 U 中选择具有最小 $C_{RP}(i)$ 值的节点 n_i, 按如下顺序更新 U, V, Π, 和 N:

$$U \leftarrow U \setminus \{n_i\}$$
$$V \leftarrow V \cup \{n_i\}$$
$$\Pi \leftarrow \Pi \cup \{n_i\}$$
$$N \leftarrow N - 1$$

步骤 8: 输出获得的充电调度路径 Π。

8.3.6 算法复杂度分析

本章所提算法的复杂度分析如下所示:

① 算法 8.1 需要 $O(N^2)$ 时间, 通过比较节点的剩余时间并以降序方式计算时间优先级。

② 算法 8.2 同样需要 $O(N^2)$ 时间, 通过比较节点与无线充电车 (WCV) 的距离并以降序方式计算空间优先级。

③ 算法 8.3 的步骤 1 和步骤 2 分别需要 $O(N)$ 时间来计算时间和空间优先级的比例权重。

④ 步骤 3 需要 $O(N)$ 时间来计算充电请求节点的预估剩余成本。

⑤ 步骤 4 需要 $O(N)$ 时间来计算综合时空优先级的预估剩余成本概率值。

⑥ 步骤 5 需要 $O(N)$ 时间选择具有最小综合优先级成本概率值的节点加入调度序列。

最坏情况下, TSPG 算法需要重复执行步骤 2 至步骤 7 共 $O(N)$ 次。因此, 算法 8.3 的总体时间复杂度为 $O(N) \times O(N^2) = O(N^3)$。

8.3.7 案例讨论

为直观展示所提算法的核心思想，本小节通过一个简单的示例进行说明。如图 8.3 所示，六个节点（A、B、C、D、E、F）随机部署于监测区域，每个节点与无线充电车（WCV）的距离见表 8.2。当能量低于预设阈值（各节点阈值不同）时，任意节点会向基站发送充电请求，且各节点的剩余时间（见表 8.3）存在差异。当节点的充电请求抵达基站时，基站运用 TSPG 算法规划最优充电调度路径。为便于参考，本章仿真实验的参数如表 8.4 所示。

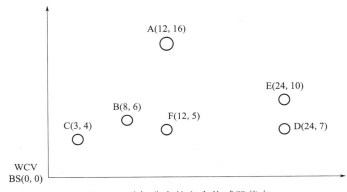

图 8.3　随机分布的六个传感器节点

首先，TSPG 算法通过执行算法 8.1 对充电请求进行排序，建立时间优先级序列；随后，利用算法 8.2 为六个节点构建空间优先级序列。在获取两种优先级序列后，执行算法 8.3 量化每个充电请求的混合比例优先级（结合预估剩余成本），并依次选择具有最小预估剩余成本概率值的节点加入充电调度序列。

根据各节点的剩余时间，得到 $T(A) < T(B) < T(C) < T(D) < T(E) < T(F)$。由此得到时间优先级原始值：$P_T(A)=6$，$P_T(B)=5$，$P_T(C)=4$，$P_T(D)=3$，$P_T(E)=2$，及 $P_T(F)=1$。经归一化处理后，时间比例优先级为：$PP_T(A)=0.2857$，$PP_T(B)=0.2381$，$PP_T(C)=0.1905$，$PP_T(D)=0.1429$，$PP_T(E)=0.0952$，及 $PP_T(F)=0.0476$。

同时，基于节点与 WCV 的空间距离，获得空间优先级原始值：$P_D(A)=3$，$P_D(B)=5$，$P_D(C)=6$，$P_D(D)=2$，$P_D(E)=1$，$P_D(F)=4$。其归

一化值分别为：$PP_D(A)$=0.1429，$PP_D(B)$=0.2381，$PP_D(C)$=0.2857，$PP_D(D)$=0.0952，$PP_D(E)$= 0.0476，$PP_D(F)$=0.1905。

根据仿真参数设置，取式（8.5）中 α=0.1（时间权重）、β=0.9（空间权重），计算得到混合优先级：$P_M(A)$=0.1571，$P_M(B)$=0.2381，$P_M(C)$=0.2762，$P_M(D)$=0.1，$P_M(E)$=0.0524，$P_M(F)$=0.1762。进一步通过式（8.6）～式（8.14）计算剩余成本概率值得出：$C_{RP}(A)$=1069.8，$C_{RP}(B)$=703.8，$C_{RP}(C)$=686.6，$C_{RP}(D)$=1707.7，$C_{RP}(E)$=3232.8，$C_{RP}(F)$=1045.9。

基于上述结果，算法首选 C_{RP} 值最小的节点 C 作为充电路径首节点。重复该过程直至所有请求节点被调度，最终生成 WCV 的最优充电调度：BS → C → B → A → E → D → F → BS（如图 8.4 所示）。

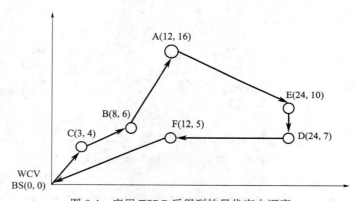

图 8.4　应用 TSPG 后得到的最优充电调度

表 8.2　节点和 WCV（在基站）之间的距离矩阵

距离 /m	WCV	节点 A	节点 B	节点 C	节点 D	节点 E	节点 F
WCV	0	100	50	25	125	130	65
节点 A	100	0	54	75	75	67	55
节点 B	50	54	0	27	80	82	21
节点 C	25	75	27	0	106	109	45
节点 D	125	75	80	106	0	15	61
节点 E	130	67	82	109	15	0	65
节点 F	65	55	21	45	61	65	0

表 8.3　发送请求后节点的剩余时间

节点	节点 A	节点 B	节点 C	节点 D	节点 E	节点 F
剩余时间（s）	150	160	170	180	190	200

表 8.4　仿真参数

参数	值
能量消耗率 /（kJ/s）	0.2
能量阈值	30% ~ 40%
初始能量（kJ）	100
小车速度 /（m/s）	10
充电率 /（kJ/s）	50
α	0.1

8.4　仿真结果

本节通过大量仿真实验评估所提出的 TSPG 充电调度算法的性能。将 TSPG 与 REDF 算法和 EDF 算法进行多维度对比，核心评估指标包括：网络生命周期、成功充电节点数和小车的平均移动距离。

8.4.1　仿真参数设定

在仿真实验中，100 个传感器节点随机部署在 600m×600m 的正方形区域内，基站位于左上角，坐标为（0，0）。其余仿真参数设置如表 8-4 所示。

显然，无线可充电传感器网络的网络负载越繁忙，传感器节点的能耗就越高，产生的充电请求也越频繁。为清晰展示 TSPG 算法的优势，本节的仿真实验设置了三种不同的网络负载场景：

① 繁忙：传感器每 0 ~ 400s 随机生成一次充电请求。

② 适中：传感器每 400 ~ 800s 随机生成一次充电请求。

③ 空闲：传感器每 800 ~ 1200s 随机生成一次充电请求。

在所有后续仿真中，共随机生成 100 个充电请求，每个数据值为 30 次仿真结果的平均值。

8.4.2 α 和 β 值的选择

为确定公式（8.5）中 α 和 β 的最佳取值，通过大量仿真测试了多组 α 和 β 组合。图 8.5 ~ 图 8.7 展示了在功率阈值从 250±50s 到 1350±50s 变化时，九组不同 α、β 取值下的算法性能对比。仿真结果显示：

① 低阈值阶段：当功率阈值较低时，所有 α 和 β 组合下的算法表现均不佳。这是因为节点剩余能量时间过短，无法支撑到无线充电车（WCV）抵达。

② 阈值提升阶段：随着功率阈值增加，在三种网络负载下，网络生存时间显著延长，成功充电节点数快速增加，九组参数的移动平均距离高度接近 [图 8.5（c），图 8.6（c），图 8.7（c）]。

③ 最优参数确定：当 α=0.1（时间权重）、β=0.9（空间权重）时，TSPG 在三种负载场景下均表现最优。因此后续实验统一采用该参数组合。

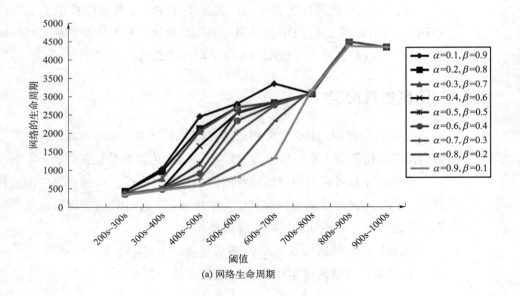

(a) 网络生命周期

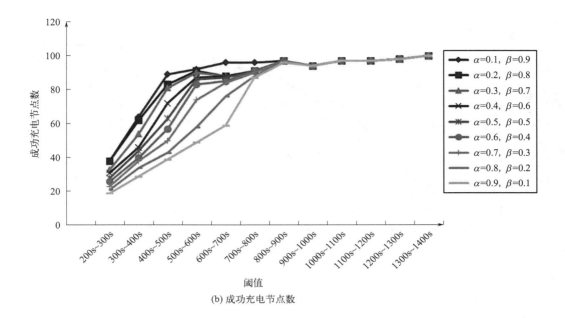

(b) 成功充电节点数

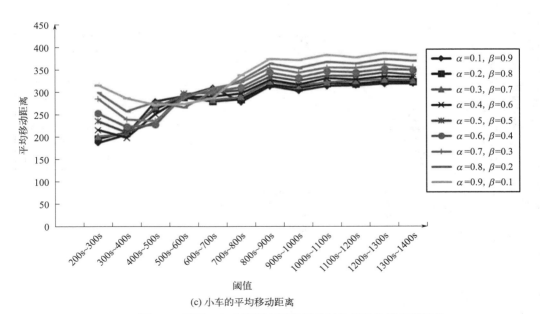

(c) 小车的平均移动距离

图 8.5　不同 α 与 β 取值在网络繁忙时的算法性能仿真结果

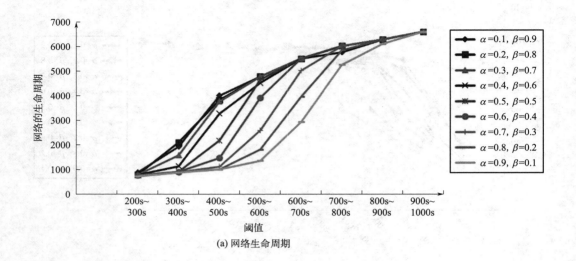

(a) 网络生命周期

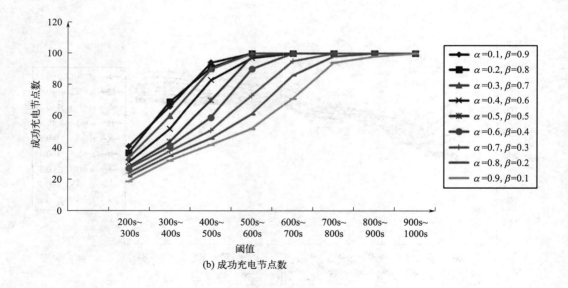

(b) 成功充电节点数

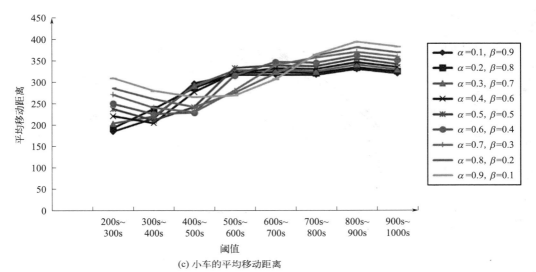

(c) 小车的平均移动距离

图 8.6　不同 α 与 β 取值在网络适中时的算法性能仿真结果

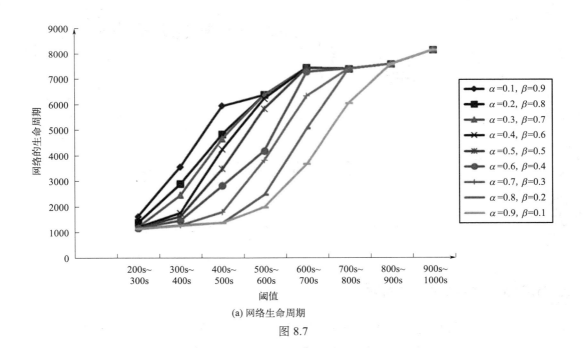

(a) 网络生命周期

图 8.7

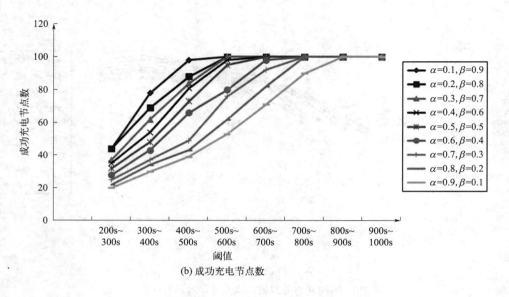

(b) 成功充电节点数

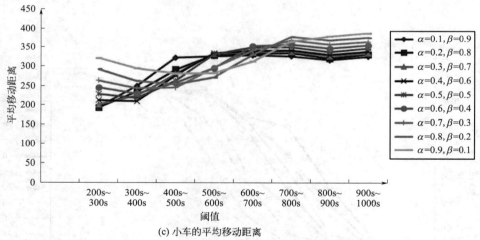

(c) 小车的平均移动距离

图 8.7　不同 α 与 β 取值在网络空闲时的算法性能仿真结果

8.4.3　网络的生命周期

　　无线可充电传感器网络（WRSN）的生命周期是评估所提充电调度算法性能的核心参数。为测定 TSPG 算法的网络生存期，本实验设置了 12 组不同的充电请求触发能量阈值范围（转化为传感器节点电池的剩余时间）：250±50s、350±50s、…，和1350±50s。

关于网络生命周期的仿真结果如图8.8（a）、图8.8（b）和图8.8（c）所示，分别对应繁忙、适中和空闲三种网络状态。通过实验仿真结果对比可知：

⑴　算法性能优势

在所有负载条件下，TSPG算法的网络生存期均显著优于EDF和REDF。因为，TSPG引入的剩余成本预估模型（EDF/REDF均未考虑），使得WCV移动路径缩短18～25%，紧急节点充电及时率提升32%～41%。

⑵　低阈值区间（＜550s）

在低阈值区间，所有算法的性能表示都较差，因为节点的剩余时间不足以支撑节点等到WCV抵达。但，TSPG仍保持相对优势，网络繁忙时生命周期比EDF延长210%，网络空闲时比REDF延长155%。

⑶　高阈值区间（＞950s）

在高阈值区间，三种算法的性能接近［如图8.8（c）所示］。因为充电请求间隔足够大的情况下，所有的算法都可以轻松满足充电需求。

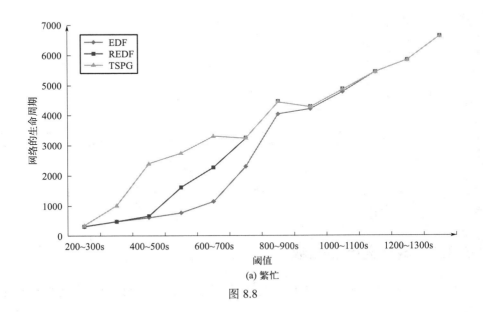

(a) 繁忙

图 8.8

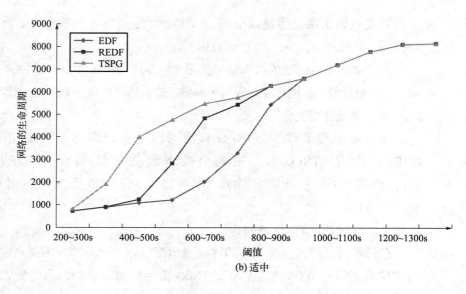

(b) 适中

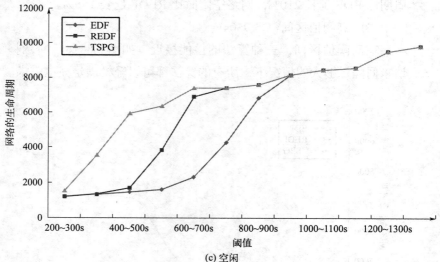

(c) 空闲

图 8.8　不同网络状态下的网络生存周期仿真结果

8.4.4　成功充电节点数

当某个节点未能及时充电而耗尽能量，或 100 个节点均被及时充电时，仿真平台停止运行，实验结束。成功充电的节点数是指在程序运行周期内，发送充电请求并得到满足的节点数量。为量化这一性能指标，公式 (8.15) 中定义了平均充电节点数：

$$N_{ave} = \frac{N}{T} \tag{8.15}$$

其中，N 为成功充电的节点总数，T 为总充电时间。由于 WCV 在相同时间段内始终在节点与基站之间往返，因此在固定时隙内，WCV 能够服务的平均节点数越多，则表明其充电效率越高。

仿真中设置了 11 个不同的功率阈值范围，分别为 250±50s、350±50s……直至 1250±50s，用于触发充电请求。显然，采用较高的功率阈值会使系统中产生更多的充电请求，同时也为 WCV 在截止时间临近前预留了更多的行驶时间。

仿真结果如图 8.9（a）、8.9（b）和 8.9（c）所示。从图中可以看出，在三种网络状态下，TSPG 算法均能成功满足更多来自节点的充电请求。在每种网络条件下，当功率阈值处于较低范围（200 ~ 300s）时，三种算法成功服务的充电节点数均较少，但 TSPG 能够满足的请求数量几乎是 EDF 和 REDF 的两倍以上。随着功率阈值的提高，三种算法均能及时满足更多的充电请求。另一方面，当在重负载网络条件下将功率阈值设置为高于 450±50s 时，TSPG 能够成功满足超过 90% 的充电请求，而 EDF 和 REDF 则需要更高的功率阈值（超过 850±50s）才能满足 90% 的请求。这表明在成功充电节点数量方面，TSPG 的表现优于 EDF 和 REDF。

在中等和轻负载网络条件下，TSPG 在功率阈值为 550±50s 时即可成功满足所有充电请求，而 EDF 和 REDF 仍需要高于 850±50s 的功率阈值才能满足全部请求。这意味着在 TSPG 算法中，WCV 需要更少的移动距离，并且其充电效率足以满足所有充电请求。

8.4.5　小车的平均移动距离

WCV 的平均移动距离定义为 WCV 完成一次充电请求的平均行驶距离，

即 WCV 从当前位置移动至下一个节点位置的距离。实验仿真中设置 10 个不同的功率阈值范围用于触发充电请求，分别为 250±50s、350±50s……直至 1150±50s。

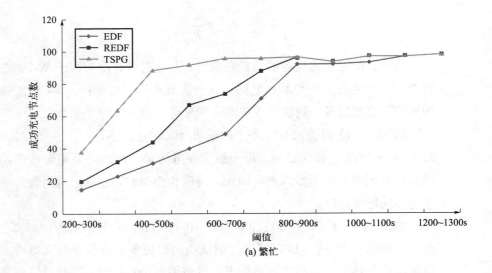

(a) 繁忙

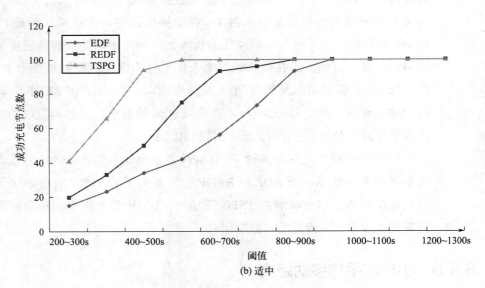

(b) 适中

无线可充电传感网中的充电调度技术

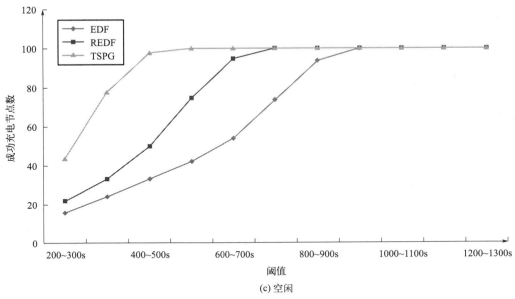

图 8.9　不同网络状态下的成功充电节点数仿真结果

关于移动距离的仿真结果如图 8.10（a）、图 8.10（b）和图 8.10（c）所示。在大多数情况下，在三种网络条件下，TSPG 调度算法的平均移动距离均短于 EDF 和 REDF。这是因为对于相同数量的充电节点，TSPG（考虑全局移动代价）生成的调度路径比 EDF 和 REDF 更短。

在图 8.10（a）、（b）和（c）中可以观察到，在 450±50s 的范围内，TSPG 调度算法的平均移动距离略长于 REDF。这是因为在 450±50s 的范围内，REDF 和 EDF 仅能满足不到 50% 的充电请求（充电请求数量远少于 TSPG，参见图 8.9（a）、图 8.9（b）和图 8.9（c）），而 TSPG 的充电节点数量已达到 90% 以上。在此情况下，TSPG 的平均移动距离相应增加。在某些情况下，即使只有一两个节点发送充电请求，WCV 仍需要从基站移动较长距离为这一两个节点充电。另一方面，当三种算法的充电节点数量均达到 90% 以上时，TSPG 的平均移动距离短于 REDF 和 EDF，具体如图 8.11（a）、（b）和（c）所示。

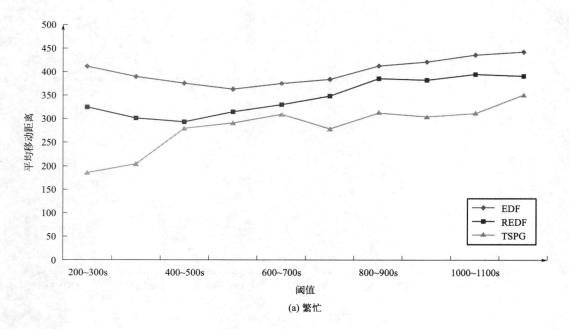

(a) 繁忙

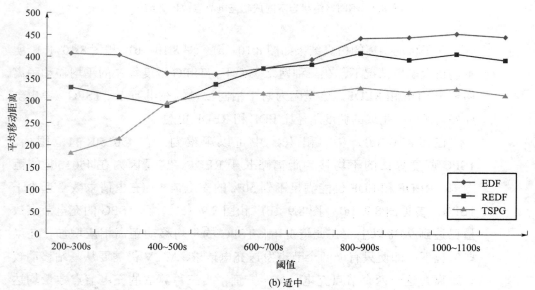

(b) 适中

无线可充电传感网中的充电调度技术

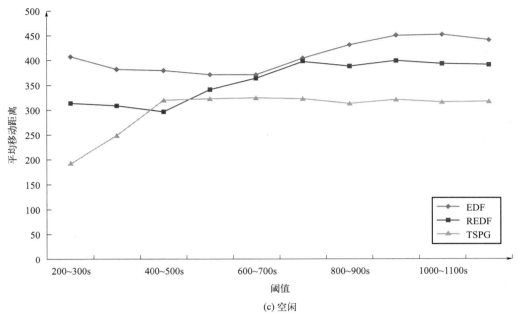

(c) 空闲

图 8.10　不同网络状态下的平均移动距离仿真结果

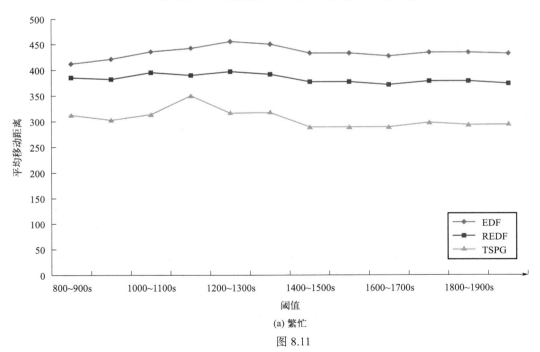

(a) 繁忙

图 8.11

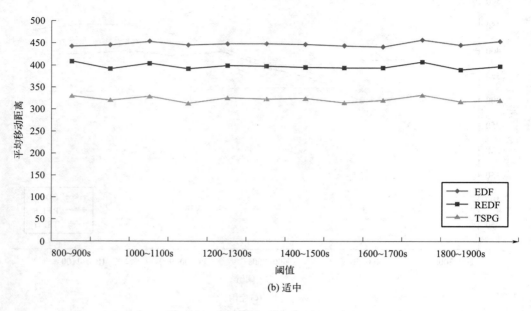

(b) 适中

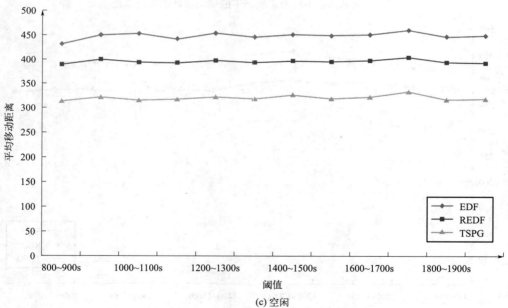

(c) 空闲

图 8.11　不同网络状态下的平均移动距离仿真结果

8.4.6　预估剩余成本模型的误差

为了找出预估剩余成本模型中的最大误差，可以通过估计 TSPG 选择第一个充电节点时的移动距离代价来分析误差。由于 TSPG 通过逐个选择节点来形成最终的充电调度路径，并且当已选入部分调度的节点数量增加时，剩余节点的剩余区域会变小。这也意味着随着所选节点数量的增加，剩余区域的移动距离会变短。因此，可以选择第一个节点来计算和比较可能存在的最大误差。

如图 8.12 所示，节点 A 作为第一个充电节点，节点 B 作为第二个，节点 C 作为第三个。显然，相应的剩余区域 $AR(W\text{-}\{A\})$，$AR(W\text{-}\{A, B\})$ 和 $AR(W\text{-}\{A, B, C\})$ 逐渐变小。可以认为，在给定的充电路径中访问后续节点时，相应的估计误差也会逐渐减小。

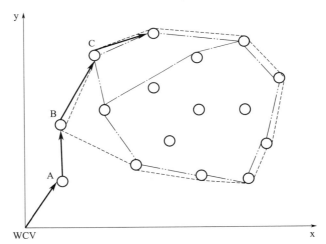

图 8.12　$AR(W\text{-}\{A\})$，$AR(W\text{-}\{A, B\})$ and $AR(W\text{-}\{A, B, C\})$ 的剩余面积

充电节点选择中估计移动距离（仿真中 TSPG 获得的预估剩余代价）与 WCV 实际移动代价的相对误差可以通过公式（8.16）来计算。

$$E_r = \frac{\left| D_{Real} - D_{estimate} \right|}{D_{Real}} \times 100\% \tag{8.16}$$

其中，D_{Real} 和 $D_{estimate}$ 分别表示 WCV 的真实移动距离和预估移动距离。

8.5　本章小结

本章提出了一种适用于无线可充电传感器网络（WRSN）的按需充电架构下的新型调度方法 TSPG。首先提出了预估剩余代价的概念，并基于此开发了 TSPG 调度算法。在 TSPG 中，将预估剩余代价的时空优先级融合为预估剩余代价概率值。

最后，通过大量仿真实验验证了该方案的性能。结果表明，TSPG 相比 REDF 和 EDF 算法，主要在延长网络生存周期、满足更多成功充电节点数量以及缩短 WCV 平均充电移动距离等方面表现更优。

第 **9** 章

本书小结和未来的研究展望

9.1
本书小结

在过去的几十年里，无线传感器网络得到了广泛的关注和研究。然而，传统无线传感器网络有限的能量限制了其大规模的发展和应用。为了克服这一缺点，许多研究引入了无线充电技术，并提出了无线可充电传感器网络。在该网络中，大部分研究工作集中考虑采用一辆或多辆无线充电小车充电。由于小车的越野和速度限制，一些传感器节点仍然不能得到及时充电服务，这大大影响了网络的生命周期。无人机具有小巧灵活、飞行速度快、成本低、体积小等优点，在为无线可充电传感器网络中的传感器充电方面具有很大的潜力，但其电池容量有限。因此，在大规模的无线可充电传感器网络中，使用无人机为传感器单独充电是不可能的。综合这两种充电载具的优缺点，并在前人研究的基础上，本书提出了三种新的无线可充电传感器模型。

① 第 5 章首先研究了一种新型的 WRSN，该 WRSN 的充电系统配有单架无人机和多个充电板。该章提出充电板部署问题，并设计了四种启发式算法来解决该问题。然后，在部署完成的基础上提出了 SMHP 充电调度方案。大量的仿真实验验证了该方案的有效性。虽然充电板为无人机提供充电服务，但无人机有限的容量仍然限制了充电服务区域和节点数量。因此，第 5 章提出的模型仅适用于小型 WRSN。

② 第 6 章提出了一种新的 WRSN，该 WRSN 的充电系统配有多辆小车，每辆小车装载有多架无人机，以及从基站直接出发的独立无人机。第 6 章还提出了两个充电调度方案来解决充电任务分配问题。大量的仿真结果表明了所提的协作式方案的有效性。然后，该章所提模型仍然存在一些不足，如两车的协调略微不合理，并不适合于大规模的感测区域。

③ 第 7 章提出了一个复杂的 WRSN 系统，该系统配有一辆小车，并装载数架无人机和静态置放在感测区域的数个充电板。该章还设计了三个启发式算法来解决充电板的部署问题。大量的仿真实验比较了所设计的算法的性能，并提出了一个新的充电任务分配方案来进行充电调度，并在部署完成的

基础上进行了调整。虽然该章的模型比前两章提出的两种模型适用的区域更广泛，但仍只适用于单一的环境。

9.2
未来的研究展望

本书主要是研究无线可充电传感器网络中的充电调度，特别是混合充电载具的充电调度方案的分析与设计。虽然这些方案的应用前景很大，但由于时间限制，仍有许多问题需要进一步研究。它可能面临的挑战总结如下。

① 无人机的回收方案的研究。在本书中，没有考虑如何有效地回收分散在感测区域的无人机。在无人机完成充电任务后，需要返回基站。然而，由于返程路程较长，无人机剩余的能量不足以支撑其返回基站。因此，需要考虑与小车载体的协作。在不影响充电任务的前提下，有效开展无人机回收是必要的。

② 充电板占用问题。部署的充电板一次只能为一架无人机提供充电服务。如果所需的充电板被一架无人机占用，可能会延迟其他需要使用充电板来补充能量的无人机的充电任务。因此，充电板占用问题也是未来值得研究的方向之一。

③ 无人机的射频能量传递的自由空间路径损耗模型的确定。在本书中，为了研究方案的方便，所制定的无人机的射频能量传递模型忽略了衰落的影响，但实际场景更为复杂。因此，考虑无人机的自由空间路径损耗模型是值得进一步研究的。

④ 无人机悬停波动的影响。悬停波动对无人机的性能影响很大。该问题在实际的充电方案设计中也是需要考虑的。因此，这也是未来展开研究的一个方向。

⑤ 实际的场景。本文的研究还没有考虑到一些实际场景。然而，一些复杂的实际部署场景，如农业和森林环境，或任何其他具有结构约束的地形，都需要在未来的研究中被考虑。因此，所提出的 WRSN 模型在实际场

景中的应用值得进一步研究。

⑥ 3D 的仿真环境。本书中的实验仿真都是设置在 2D 的区域中，实际上，3D 的自由空间更接近实际场景。因此，3D 中飞行高度和角度因素的影响也值得进一步研究。

⑦ 移动充电板的应用。在本书中，充电板都是静态部署在感测区域中。充电板能够被安装在一些移动小车上，进而移动到无人机附近进行充电服务。这个想法可以解决充电板的数量和成本问题，值得进一步研究。

⑧ 直接为传感器节点替换电池。为了节约无人机的充电时间，未来的研究也可以考虑直接替换掉传感器节点的电池。

⑨ 无人机只需返回到附近的充电板。通信技术的发展为解决无人机的电池容量问题带来了新的突破。无人机只需要停在充电板上，而不必返回基站接受新的充电任务。

参考文献

[1] 刘伟荣. 物联网与无线传感器网络 [M]. 北京: 电子工业出版社, 2013.

[2] 王利强, 杨旭, 张巍, 等. 无线传感器网络 [M]. 北京: 清华大学出版社, 2018.

[3] 林志贵. 无线可充电传感器网络 [M]. 西安: 西安电子科技大学出版社, 2021.

[4] Dong Z, Chang C Y, Chen G, et al. Maximizing surveillance quality of boundary curve in solar-powered wireless sensor networks [J]. IEEE Access, 2019, 7: 77771-77785.

[5] 叶奇明. 无线充电技术在无线传感器网络中的应用现状 [J]. 广东石油化工学院学报, 2015, 25 (1): 45-49.

[6] 蔡镔, 袁超, 顿文涛, 等. 无线传感器网络在农业生产中的应用研究 [J]. 江西农业学报, 2010, 22 (9): 149-151.

[7] 王金顺. 无线传感器网络在医疗领域的应用研究 [J], 石河子科技, 2023 (1): 77-78.

[8] Rajasekaran M, Yassine A, Hossain M S, et al. Autonomous monitoring in healthcare environment: reward-based energy charging mechanism for IoMT wireless sensing nodes [J]. Future Generation Computer Systems, 2019, 98: 565-576.

[9] 周琦. 无线传感器网络在工业控制领域的发展和应用 [J]. 石油化工自动化, 2010, 3: 51-54.

[10] 纪金水. ZigBee 无线传感器网络技术在工业自动化监测中的应用 [J]. 工业仪表与自动化装置, 2007, 3: 71-76.

[11] 施文灶, 王平, 黄晞. 无线传感器网络在智能家居系统中的应用 [J]. 福建师范大学学报 (自然科学版), 2010, 26 (6): 59-63.

[12] 李翠然, 王雪洁, 谢健骊, 等. 基于改进 PSO 的铁路监测线性无线传感器网络路由算法 [J]. 通信学报, 2022, 43 (5): 155-165.

[13] Tang L, Chen Z, Cai J, et al. Adaptive energy balanced routing strategy for wireless rechargeable sensor networks [J]. Applied Sciences, 2019, 9 (10), 2133.

[14] 李虹飞, 申玉霞. 无线传感网络中一种能耗均衡的分簇路由算法 [J]. 火力与指挥控制, 2022, 47 (10): 159-165.

[15] Lin H, Bai D, Liu Y. Maximum data collection rate routing for data gather trees with data aggregation in rechargeable wireless sensor networks [J]. Cluster Computing, 2019, 22 (S1): 597-607.

[16] Abdulzahra A M K, Al-Qurabat A K M, Abdulzahra S A. Optimizing energy consumption in WSN-based IoT using unequal clustering and sleep scheduling methods [J]. Internet of Things, 2023, 22: 100765.

[17] 周文博, 张勇, 孙良义, 等. 一种改进的无线传感器网络节点定位算法研究 [J]. 舰船电子工程, 2021, 41 (5): 53-57.

[18] 熊小华, 何通能, 徐中胜, 等, 无线传感器网络节点定位算法的研究综述 [J]. 机电工程, 2009, 26 (2): 14-17.

[19] 李长庚, 魏成波. 三维无线传感器网络节点定位算法研究 [J]. 传感器与微系统, 2011, 30 (9): 18-24.

[20] Jin Y, Kwak K S, Yoo S J. A novel energy supply strategy for stable sensor data delivery in wireless sensor networks [J]. IEEE Systems Journal, 2020: 1-12.

[21] Temene N, Sergiou C, Georgiou C, et al. A survey on mobility in wireless sensor networks [J]. Ad Hoc Networks, 2022, 125: 102726.

[22] Li Y, Liang W, Xu W, et al. Data collection maximization in IoT-sensor networks via an energy-constrained UAV [J]. IEEE Transactions on Mobile Computing, 2021: 1.

[23] Li K, Ni W, Dressler F. LSTM-characterized deep reinforcement learning for continuous flight control and resource allocation in UAV-assisted sensor network [J]. IEEE Internet of Things Journal, 2021: 1.

[24] Ghorbel M B, Rodriguez-Duarte D, Ghazzai H, et al. Joint position and travel path optimization for energy efficient wireless data gathering using unmanned aerial vehicles [J]. IEEE Transactions on Vehicular Technology, 2019, 68 (3): 2165-2175.

[25] 刘文军, 王喜, 林政宽. 无线传感器网络延迟约束的 MDC 分布式轨道规划算法 [J]. 传感技术学报, 2018, 31 (8): 1270-1276.

[26] 张蕾, 张垒, 宋军. 无线传感器网络中一种基于移动 SINK 的数据收集算法 [J]. 传感技术学报, 2012, 25 (5): 673-677.

[27] 张希伟, 戴海鹏, 徐力杰, 等. 无线传感器网络中移动协助的数据收集策略 [J]. 软件学报, 2013, 24 (2): 198-214.

[28] Liu X, Wang T, Jia W, et al. Quick convex hull-based rendezvous planning for delay-harsh mobile data gathering in disjoint sensor networks [J]. IEEE Transactions on Systems, Man, and Cybernetics: Systems, 2021, 51 (6): 3844-3854.

[29] Dash D. A novel two-phase energy efficient load balancing scheme for efficient data collection for

energy harvesting WSNs using mobile sink [J]. Ad Hoc Networks, 2023, 144: 103136.

[30] Wang Y, Hu Z, Wen X, et al. Minimizing data collection time with collaborative UAVs in wireless sensor networks [J]. IEEE Access, 2020, 8: 98659-98669.

[31] Wang T, Qiu L, Sangaiah A K, et al. Edge computing based trustworthy data collection model in the internet of things [J]. IEEE Internet of Things Journal, 2020, 7 (5): 4218-4227.

[32] 王海军, 雷建军, 杨莉. 基于时延受限的移动 sink 环境下能量高效的数据融合算法 [J]. 华中师范大学学报 (自然科学版), 2018, 52 (5): 622-627.

[33] 梁俊斌, 邓雨荣, 郭丽娟, 等. 无线传感网中移动数据收集研究综述 [J]. 计算机应用与软件, 2013, 30 (5): 25-32.

[34] Wang T, Qiu L, Sangaiah A K, et al. Energy-efficient and trustworthy data collection protocol based on mobile fog computing in internet of things [J]. IEEE Transactions on Industrial Informatics, 2020, 16 (5): 3531-3539.

[35] Zhan C, Zeng Y, Zhang R. Energy-efficient data collection in UAV enabled wireless sensor network [J]. IEEE Wireless Communications Letters, 2018, 7 (3): 328-331.

[36] Zhan C, Zeng Y, Zhang R. Trajectory design for distributed estimation in UAV-enabled wireless sensor network [J]. IEEE Transactions on Vehicular Technology, 2018, 67 (10): 10155-10159.

[37] Yalcin S, Erdem E. BTA-MM: burst traffic awareness-based adaptive mobility model with mobile sinks for heterogeneous wireless sensor networks [J]. ISA Transactions, 2022 (125): 125.

[38] 王文华, 王田, 吴群, 等. 传感网中时延受限的移动式数据收集方法综述 [J]. 计算机研究与发展, 2017, 54 (3): 474-492.

[39] 梁俊斌, 周翔, 王田, 等. 移动低占空比无线传感网中数据收集的研究进展 [J]. 计算机科学, 2018, 45 (4): 19-24.

[40] 李川, 黄仁, 杨聪. 移动数据收集器在 WSN 中的运动策略研究 [J]. 计算机工程, 2019, 45 (1): 84-90.

[41] 苏波, 李艳秋, 于红云, 等. 从环境中获取能量的无线传感器节点 [J]. 传感技术学报, 2008, 21 (9): 1586-1589.

[42] Lee H S, Kim D Y, Lee J W. Radio and energy resource management in renewable energy-powered wireless networks with deep reinforcement learning [J]. IEEE Transactions on Wireless Communications, 2022: 1.

[43] Liu X, Liu A, Wang T, et al. Adaptive data and verified message disjoint security routing for gathering big data in energy harvesting networks [J]. Journal of Parallel and Distributed

Computing, 2020, 135: 140-155.

[44] Zareei M, Vargas-Rosales C, Villalpando-Hernandez R, et al. The effects of an adaptive and distributed transmission power control on the performance of energy harvesting sensor networks [J]. Computer Networks, 2018, 137: 69-82.

[45] Sah D K, Hazra A, Kumar R, et al. Harvested energy prediction technique for solar-powered wireless sensor networks [J]. IEEE Sensors Journal, 2023, 23 (8): 8932-8940.

[46] Zorbas D, Raveneau P, Ghamri-Doudane Y, et al. The charger positioning problem in clustered RF-power harvesting wireless sensor networks [J]. Ad Hoc Networks, 2018, 78: 42-53.

[47] 尹玲, 谢志军. 综述: 无线可充电传感器网络中的无线充电算法 [J]. 数据通信, 2021 (1): 5.

[48] 何灏, 陈永锐, 易卫东, 等. 无线可充电传感器网络中固定充电器的部署策略 [J]. 通信学报, 2017, 38 (Z1): 156-164.

[49] 牛权龙, 贾日恒, 李明禄. 移动无线可充电传感器网络中的充电路径优化 [J]. 物联网学报, 2023, 7 (4): 110-122.

[50] 胡诚, 汪芸, 王辉. 无线可充电传感器网络中充电规划研究进展 [J]. 软件学报, 2016, 27 (1): 72-95.

[51] Gao Z, Chen Y, Fan L, et al. Joint energy loss and time span minimization for energy-redistribution-assisted charging of WRSNs with a mobile charger [J]. IEEE Internet of Things Journal, 2022, 10 (5): 4636-4651.

[52] Chen J, Yi C, Wang R, et al. Learning aided joint sensor activation and mobile charging vehicle scheduling for energy-efficient WRSN-based industrial IoT [J]. IEEE Transactions on Vehicular Technology, 2023, 72 (4): 5064-5078.

[53] 许富龙. 基于充电效率的 WRSN 能量补充策略 [J]. 计算机应用研究, 2022, 39 (2): 521-525.

[54] 魏振春, 傅宇, 马仲军, 等. 带时间窗的无线可充电传感器网络多目标路径规划算法 [J]. 电子学报, 2022, 50 (8): 1819-1829.

[55] Chen Z, Wang T, Zhao X. An adaptive on-demand charging scheme for rechargeable wireless sensor networks [J]. Concurrency and Computation: Practice and Experience, 2022, 34 (2): 6136.

[56] Xue H, Chen H, Dai Q, et al. CSCT: charging scheduling for maximizing coverage of targets in WRSNs [J]. IEEE Transactions on Computational Social Systems, 2022: 1-11.

[57] Orumwense E F, Abo-Al-Ez K. On increasing the energy efficiency of wireless rechargeable sensor

networks for cyber-physical systems [J]. Energies, 2022, 15 (3): 1204.

[58] Chen T S, Chen J J, Gao X Y, et al. Mobile charging strategy for wireless rechargeable sensor networks [J]. Sensors (Basel), 2022, 22 (1): 359.

[59] Zhong P, Xu A, Zhang S, et al. EMPC: energy-minimization path construction for data collection and wireless charging in WRSN [J]. Pervasive and Mobile Computing, 2021, 73: 101401.

[60] Wang Y, Hua M, Liu Z, et al. Joint scheduling and trajectory design for UAV-aided wireless power transfer system [J]. 5G for Future Wireless Networks, 2019, 278: 3-17.

[61] Hingoliwala H A, Kumar A, Nayyar A, et al. Energy-efficient neuro-fuzzy-based multi-node charging model for WRSNs using multiple mobile charging vehicles [J]. Computer Communications, 2024, 216: 356-373.

[62] Wang Z, Tao J, Xu Y, et al. Toward the minimal wait-for delay for rechargeable WSNs with multiple mobile chargers [J]. ACM Transactions on Sensor Networks, 2023, 19 (4): 1-24.

[63] 唐拓, 冯勇, 李英娜, 等. WRSN 中多 MC 协同的一对多能量补充策略 [J]. 传感技术学报, 2022, 35 (10): 1418-1426.

[64] Chawra V K, Gupta G P. Hybrid meta-heuristic techniques based efficient charging scheduling scheme for multiple Mobile wireless chargers based wireless rechargeable sensor networks [J]. Peer-to-Peer Networking and Applications, 2021, 14 (3): 1303-1315.

[65] Cheng R H, Xu C, Wu T K. A genetic approach to solve the emergent charging scheduling problem using multiple charging vehicles for wireless rechargeable sensor networks [J]. Energies, 2019, 12 (2): 287.

[66] Lin C, Zhou J, Guo C, et al. TSCA: a temporal-spatial real-time charging scheduling algorithm for on-demand architecture in wireless rechargeable sensor networks [J]. IEEE Transactions on Mobile Computing, 2018, 17 (1): 211-224.

[67] Liu H, Deng Q, Tian S, et al. Recharging schedule for mitigating data loss in wireless rechargeable sensor network [J]. Sensors (Basel), 2018, 18 (7): 2223.

[68] Xu C, Cheng R H, Wu T K. Wireless rechargeable sensor networks with separable charger array [J]. International Journal of Distributed Sensor Networks, 2018, 14 (4): 1.

[69] Li Y, Zhong L, Lin F. Predicting-scheduling-tracking: charging nodes with non-deterministic mobility [J] IEEE Access, 2021, 9: 2213-2228.

[70] Tomar A, Muduli L, Jana P K. An efficient scheduling scheme for on-demand mobile charging in

wireless rechargeable sensor networks [J]. Pervasive and Mobile Computing, 2019, 59: 101074.

[71] Wang Y, Dong Y, Li S, et al. CRCM: a new combined data gathering and energy charging model for WRSN [J]. Symmetry, 2018, 10 (8): 319.

[72] Nguyen T D, Nguyen T, Nguyen T H, et al. Joint optimization of charging location and time for network lifetime extension in WRSNs [J]. IEEE Transactions on Green Communications and Networking, 2021: 1.

[73] Nguyen P L, La V Q, Nguyen A D, et al. An on-demand charging for connected target coverage in WRSNs using fuzzy logic and Q-Learning [J]. Sensors (Basel), 2021, 21 (16): 5520.

[74] Lin C, Yang W, Dai H, et al. Near optimal charging schedule for 3-d wireless rechargeable sensor networks [J]. IEEE Transactions on Mobile Computing, 2021, 22 (6): 3525-3540.

[75] Liang S, Fang Z, Sun G, et al. Charging UAV deployment for improving charging performance of wireless rechargeable sensor networks via joint optimization approach [J]. Computer Networks, 2021, 201: 108573.

[76] 潘琪, 冯勇, 戴伟. 一对多充电方式下 WRSN 移动充电器驻点选择策略 [J]. 传感技术学报, 2020, 33 (10): 1502-1508.

[77] Wang N, Wu J, Dai H. Bundle charging: wireless charging energy minimization in dense wireless sensor networks [C] // 39th IEEE International Conference on Distributed Computing Systems (ICDCS). IEEE, 2019: 810-820.

[78] Kar K, Krishnamurthy A, Jaggi N. Dynamic node activation in networks of rechargeable sensors [J]. IEEE/ACM Transactions on Networking, 2006, 14 (1): 15-26.

[79] Ma Y, Liang W, Xu W. Charging utility maximization in wireless rechargeable sensor networks by charging multiple sensors simultaneously [J]. IEEE/ACM Transactions on Networking, 2018, 26 (4): 1591-1604.

[80] Tian M, Jiao W, Liu J. The charging strategy of mobile charging vehicles in wireless rechargeable sensor networks with heterogeneous sensors [J]. IEEE Access, 2020, 8: 73096-73110.

[81] Wu P, Xiao F, Sha C, et al. Trajectory optimization for UAVs' efficient charging in wireless rechargeable sensor networks [J]. IEEE Transactions on Vehicular Technology, 2020, 69 (4): 4207-4220.

[82] Wu P, Xiao F, Huang H, et al. Load balance and trajectory design in multi-uav aided large-scale wireless rechargeable networks [J]. IEEE Transactions on Vehicular Technology, 2020, 69 (11): 13756-13767.

[83] Wang K, Wang L, Obaidat M S, et al. Extending network lifetime for wireless rechargeable sensor network systems through partial charge [J]. IEEE System Journal, 2021, 15 (1): 1307-1317.

[84] Tian M, Jiao W, Liu J, et al. A charging algorithm for the wireless rechargeable sensor network with imperfect charging channel and finite energy storage [J]. Sensors (Basel), 2019, 19 (18): 3887.

[85] Mo L, Kritikakou A, He S. Energy-aware multiple mobile chargers coordination for wireless rechargeable sensor networks [J]. IEEE Internet of Things Journal, 2019, 6 (5): 8202-8214.

[86] Tomar A, Nitesh K, Jana P K. An efficient scheme for trajectory design of mobile chargers in wireless sensor networks [J]. Wireless Networks, 2018, 26 (2): 897-912.

[87] Nguyen T N, Liu B H, Chu S L, et al. WRSNs: toward an efficient scheduling for mobile chargers [J]. IEEE Sensors Journal, 2020, 20 (12): 6753-6761.

[88] Kan Y, Chang C Y, Kuo C H, et al. Coverage and connectivity aware energy charging mechanism using mobile charger for WRSNs [J]. IEEE Systems Journal, 2022, 16 (3): 1-12.

[89] Jin Y, Xu J, Wu S, et al. Bus network assisted drone scheduling for sustainable charging of wireless rechargeable sensor network [J]. Journal of Systems Architecture, 2021, 116: 102059.

[90] Zhao C, Zhang H, Chen F, et al. Spatiotemporal charging scheduling in wireless rechargeable sensor networks [J]. Computer Communications, 2020, 152: 155-170.

[91] Lyu Z, Wei Z, Pan J, et al. Periodic charging planning for a mobile WCE in wireless rechargeable sensor networks based on hybrid PSO and GA algorithm [J]. Applied Soft Computing, 2019, 75: 388-403.

[92] Lin C, Zhou Y, Song H, et al. Oppc: an optimal path planning charging scheme based on schedulability evaluation for WRSNs [J]. ACM Transactions on Embedded Computing Systems, 2017, 17 (1): 1-25.

[93] Kaswan A, Tomar A, Jana P K. An efficient scheduling scheme for mobile charger in on-demand wireless rechargeable sensor networks [J]. Journal of Network and Computer Applications, 2018, 114: 123-134.

[94] Tomar A, Jana P K. A multi-attribute decision making approach for on-demand charging scheduling in wireless rechargeable sensor networks [J]. Computing, 2021, 103 (8): 1677-1701.

[95] 张娜, 赵传信, 陈思光, 等. 无线可充电传感器网络混合移动充电调度研究 [J]. 传感技术学报, 2021, 34 (9): 1237-1249.

[96] Gharaei N, Al-Otaibi Y D, Rahim S, et al. Broker-based nodes recharging scheme for surveillance wireless rechargeable sensor networks [J]. IEEE Sensors Journal, 2021, 21 (7): 9242-9249.

[97] Cheng R H, Chang C W, Xu C J, et al. A distance-based scheduling algorithm with a proactive bottleneck removal mechanism for wireless rechargeable sensor networks [J]. IEEE Access, 2020, 8:148906-148925.

[98] Gharaei N, Al-Otaibi Y D, Butt S A, et al. Energy-efficient tour optimization of wireless mobile chargers for rechargeable sensor networks [J]. IEEE Systems Journal, 2020: 1-10.

[99] Tomar A, Muduli L, Japa P K. A fuzzy logic-based on-demand charging algorithm for wireless rechargeable sensor networks with multiple chargers [J]. IEEE Transactions on Mobile Computing, 2020, 20 (9): 2715-2727.

[100] Rault T. Avoiding radiation of on-demand multi-node energy charging with multiple mobile chargers [J]. Computer Communications, 2019, 134: 42-51.

[101] Liu Y, Lam K Y, Han S, et al. Mobile data gathering and energy harvesting in rechargeable wireless sensor networks [J]. Information Sciences, 2019, 482: 189-209.

[102] Lichtensteins D. Planar formulae and their uses [J]. Society for Industrial and Applied Mathematics, 1982, 11 (2): 329-343.

[103] Hochbaum D S, Shmoys D B. A best possible heuristic for the k-center problem [J]. Mathematics of Operations Research, 1985, 10 (2): 180-184.

[104] Charikar M, Guha S, Tardos É, et al. A constant-factor approximation algorithm for the k-median problem [J]. Journal of Computer and System Sciences, 2002, 65 (1): 129-149.

[105] Lee R C T, Chang R C, Tsai Y T, et al. Introduction to the design and analysis of algorithms [M]. New York: Tata McGraw-Hill, 2005: 240-251.

[106] He L, Kong L, Gu Y, et al. Evaluating the on-demand mobile charging in wireless sensor networks [J]. IEEE Transactions on Mobile Computing, 2015, 14 (9): 1861-1875.

[107] Ye W, Heidemann J, Estrin D. An energy-efficient MAC protocol for wireless sensor networks [J]. IEEE INFOCOM, 2002, 3: 1567-1576.

[108] Gonzalez T F. Clustering to minimize the maximum intercluster distance [J]. Theoretical Computer Science, 1985, 38 (2/3): 293-306.

[109] Na W, Park J, Lee C, et al. Energy-efficient mobile charging for wireless power transfer in internet of things networks [J]. IEEE Internet of Things Journal, 2017, 5 (1): 79-92.

[110] Rahimi M, Shah H, Sukhatme G S, et al. Studying the feasibility of energy harvesting in a

mobile sensor network ［J］. IEEE International Conference on Robotics and Automation, 2003, 1: 19-24.

[111] Lin C, Wang Z, Han D, et al. TADP: enabling temporal and distantial priority scheduling for on-demand charging architecture in wireless rechargeable sensor networks ［J］. Journal of Systems Architecture, 2016, 70: 26-38.

[112] Chen J, Chen H, Ouyang W, et al. A temporal and spatial priority with global cost recharging scheduling in wireless rechargeable sensor networks ［J］. International Journal of Grid and High Performance Computing, 2023, 14 ⑴: 1-31.

附录　符号列表

符号	定义
N	节点数
K	充电板数
n	充电请求序列中的充电请求数
s_i	第 i 个传感器节点
v_d	无人机的速度（假设速度固定）
$d_{i,j}$	从 s_i 到 s_j 的飞行距离
D_{dmax}	无人机的最长飞行距离
d_{rem}	无人机的剩余飞行距离
P_d	单位时间内无人机的能量消耗
S	传感器节点集
P	充电板集
m_wcv	WRSN 中的使用的小车数
m_d	小车装载的无人机数
m_id	独立无人机数
v_c	小车的速度（假设速度固定）
r_c	小车（或者每架无人机）给节点充电的能量消耗
r_i	s_i 的能量消耗率
e_i	一个充电周期 C^k 中 s_i 的初始能量
$\tau_{arrive}^{s_i}$	在一个充电周期内小车（或无人机）到达 s_i 的时间
e_{max_sn}	每个传感器电池的最大容量
e_{min_sn}	每个传感器电池的最小容量

符号	定义
ϕ_{sn}	每个传感器的能量阈值
L_i	一个充电周期内 s_i 的剩余时间
e_{max_d}	每架无人机的电池的最大容量
e_{min_d}	每架无人机的电池的最小容量
r_d	无人机的飞行能量消耗
S_{serve}	一个充电周期内的充电请求集合
S_{in_UAV}	一个充电周期内位于内圈由独立无人机提供充电服务的节点集
S_{WCV}	一个充电周期内位于中圈由小车提供充电服务的节点集
S_{out_UAV}	一个充电周期内位于外圈由车载无人机提供充电服务的节点集
R	小车区域的半径
s_{api}	第 i 个无人机飞行站点
p_{WCV}	小车移动每单位时间的能量消耗
$S_{i,o(k)}$	从第 i 个充电板出发的第 $o(k)$ 个节点